교양으로서의 정신의학

교양으로서의 정신의학

마쓰자키 아사키 지음
이정현 옮김

에포케

정신장애는 '나와 상관 없는 얘기'가 아니다

인간은 태어날 때부터 종의 보존을 위해 필수적인 '생존 능력'을 갖추고 있다. 예를 들어 불안한 마음이 드는 것도 위험한 상황에서 벗어날 수 있게 해 주는 중요한 생존능력 중 하나인 것이다. 하지만 고도로 발달한 현대사회에서는 이런 불안감이 오히려 부정적인 방향으로 작용을 해 우리의 정신적인 균형이 깨지는 일이 발생하기도 한다.

또한 환청이나 망상을 동반하는 대표적인 정신장애인 조현병(정신분열증)은 100명 중 1명의 비율로 발생하는데, 환자가 처한 환경이나 환자 본인의 학력, 성격 등 어떤 요소와도 상관없이 발생하는 질환이다. 이 말은 나 자신은 물론 내 가족이나 친구 중에 누구라도 환자가 될 수 있다는 뜻이다.

즉 정신장애는 매우 흔히 발생하는 질환이며 나와는 상관없는 일이 아닌 것이다.

실제로 병원의 총 입원환자 수를 질환 별로 살펴보면 3위는 암과 같은 악성 신생물(종양)이고, 2위가 심부전 등의 순환기 질환, 그리고 1위가 정신장애로 나타난다. 심근경색이나 뇌졸중, 암 환자보다 더 많은 숫자의 정신장애 환자가 현재 병원에 입원해 있는 것이다.

이런 상황임에도 정신장애에 관한 정보는 많지 않다. 심지어 올바른 정보가 별로 없다. 그래서 많은 사람들이 잘못된 인식을 가지게 되고 필요 이상으로 두려워하게 된다.

다른 모든 질환과 마찬가지로 정신장애도 조기 발견과 조기 치료가 질환의 예후에 큰 영향을 미친다. 또한 환자의 주변 사람들의 이해와 협력이 있다면 더욱 좋은 결과를 기대할 수도 있다.

이것이 바로 필자가 이 책을 쓰는 이유이다.

인간은 누구나, 당신이나 당신의 소중한 누군가도 언제든 정신장애가 될 수 있다. 만약 그런 일이 일어났을 때, 그 사실을 빨리 인지하고 적절한 치료를 받을 수 있다면 얼마나 좋을까. 또 정신장애를 앓고 있는 사람을 편견 없이 이해하고 함께 살아갈 수 있다면 얼마나 좋을까.

독자들이 그런 세상을 꿈꾸며 이 책을 읽어 주기를 소망한다.

장애는 사회에서 발생하는 것?

우리가 살아가는 이 사회에는 장애인도 있고 비장애인도 있다. 장애를 가진 사람이 특별한 존재로서가 아니라 비장애인과 차별 없이 똑같은 삶을 영위할 수 있다면 그런 사회를 진정 성숙한 사회라 부를 수 있을 것이다.

이렇게 장애를 가진 사람을 특별 대우하지 않고 일반 시민과 동등한 사회생활을 가능하게 하는 시도를 '노멀라이제이션(normalization, 정상화)'이라고 하는데, 1950년대에 이미 북유럽 국가에서 사회 복지 측면에서 제창된 개념이다 그보다 한참 늦기는 했으나 우리나라에서도 이 노멀라이제이션이 점차 정착되는 분위기이다.

다만 정신장애 분야에서는 아직 인식이 부족한 것이 사실이다.

장애를 가진 사람을 대할 때, 의료인이라면 순수한 의학적 관점으로 '그 사람'에게 장애가 발생했다는 인식을 가져야 한다. 그렇지 않으면 그 사람에 대한 치료는 제대로 이루어질 수가 없다.

하지만 조금 다른 시각으로 본다면, 상황은 전혀 달라질 수도 있다. '장애학'이라는 학문적 관점에서는 장애가 발생하는 것은 사람이 아니라 일반 사회 쪽에서 발생한 것이라는 설명을 하기도 한다.

여기서 잠시 체육대회에서 '장애물 경주'를 하는 장면을 상상해 보자. 장애물 경주는 코스에 다양한 허들이 설치되어 있다. 이 허들로 인해 주자가 달리는 데 방해가 되거나 주자의 발이 걸려 넘어지기도 한다. 즉 장애물이 없다면 주자는 자유롭게 빨리 달릴 수 있다는 얘기다.

말하자면 이것은 장애를 가진 사람이 자유로운 사회생활을 하려고 할 때 그것을 어렵게 하는 것은 본인의 장애가 아니라 사회에 존재하는 다양한 허들 때문이다. 이런 시각에서 보면 장애물이 제거되면 정상화(노멀라이제이션)가 가능해진다고 할 수 있을 것이다.

예를 들어 시각 장애인이 사회생활을 할 때 걸림돌이 되는 것은 '안전하게 길을 걸어 다닐 수 없다'는 사실이다. 그래서 신호등에 알림 음을 설치하거나 도로에 점자 블록을 설치하는 것이다. 하반신 등에 장애가 있어서 휠체어를 타야 하는 사람은 계단이나 보도블록의 턱이 큰 장애물이 될 것이다. 이때 경사로나 엘리베이터를 설치하거나, 또 지하철과 홈 사이의 공간에 역무원이 연결 판을 설치해서 빈 공간을 메워 휠체어가 지나갈 수 있게 하는 등 사회에 존재하는 장애를 줄임으로써 장애를 가진 사람도 사회에서 생활할 수 있도록 하고 있는 것이다.

부정적인 이해가 그들의 사회생활에 악영향을 미친다

이제 정신장애인들에 관해 생각해 보자. 이들은 노멀라이제이션의 혜택을 제대로 누리고 있을까? 안타깝게도 정신장애인들이 사회에서 활동하려면 지금도 많은 어려움이 있는 것이 현실이다. 그것도 상당히 높은 장벽이 존재하는데, 그것은 점자블록이나 경사로 같은 물리적인 보완책으로 해결되는 것이 아니다.

이들이 사회적인 활동을 하려고 할 때 부딪치게 되는 장애물은 정신장애에 대한 사람들의 부정적인 인식이 존재한다는 사실이다. 이 부정적 이해가 정신장애인의 사회생활에 악영향을 미치고 있는 것이 현실이다.

예를 들어 조현병은 정신분열증이라는 병명을 바꾼 것이다. 정신분열증이라는 용어는 부정적인 편견이 많아 개명한 것인데, 환각이나 환청, 망상 등 부분적인 측면만이 흥미 위주로 사람들의 입에 오르내리면서 무서운 병이라는 이미지가 확산했다.

하지만 환각이나 망상 같은 증상은 급성기라 불리는 상태가 악화된 시기에만 일시적으로 나타나는 것이고 치료가 시작되면 환자의 상태는 안정된다.

치료의 경과에 따라서는 조현병이 그저 '지병' 정도의 수준으로 안정화되는 케이스도 있고, 치료에 따라 증상이 가벼워지는 케이스도 매우 많다. 또 망상으로 인한 범죄를 두려워하는 사람도 있는데 실제로 조현병 환자의 범죄율은 결코 높지 않다.

정신장애인이 사회생활을 하려 할 때 높은 허들을 제거하는 작업 중 가장 중요한 것은 일반적인 사람들이 이 질환에 대해 올바른 지식을 갖는 것이다. 실제로 올바른 지식을 가지고 있으면 정신 질환에 관한 인식이 개선된다는 연구 결과도 있다. 정신 질환에 관해 널리 알리면 정신장애인들의 사회 활동이 수월해진다. 즉 일반적인 생활이 가능해지는 것이다.

알고 나면 달라지는 세상

필자는 정신의학 분야의 전문가로서 지금까지 많은 정신장애인들을 만나왔고, 현재는 쓰쿠바 대학 정신과 교수로서 전공의와 의대생을 대상으로 정신의학을 강의하고 있다.

또한 유튜브 채널을 통해 정신의학 분야의 많은 동영상도 공개하고 있다. 유튜브 채널은 의료 관계자나 의학 계열 학생들에게 지식을 전달하는 것이 주목적이기는 하나, 일반인들이 정신장애를 더 깊이 이해하는 데도 기여하고 있다고 생각한다.

매우 다행히도 많은 의사, 간호사, 심리상담사, 약사 등 의료 관계자뿐 아니라 정신장애를 가진 환자 본인들 중에도 필자와 같은 뜻을 가진 사람이 많다. 많은 사람들이 정신장애에 관해 올바른 지식을 널리 알리기 위해 유튜브 활동을 하고 있다.

그중 한 명인 필자도 이제 넓은 세상을 향해 활자라는 형식으로 정신장애에 관해 설명해 나가고자 한다.

1장에서는 '마음의 변화는 왜 일어나는가?' '정신장애는 왜 생기는가?'처럼 많은 사람들이 궁금해하는 것을 설명하고자 했다. 우선 정신의학이라는 것에 대해 거부감 없이 받아들이기를 바라는 마음에서다.

2장에서는 이 책의 주제인 여러 가지 정신장애에 관해 알기 쉽게 설명해 놓았다. 정신장애를 앓고 있는 사람은 어떤 증상이 나타나는지, 그들이 어떤 것으로 인해 힘들어하는지에 대해서도 구체적으로 예를 들었다.

이렇게 차근차근 지식을 쌓으면 우리는 자기 자신이나 주변 사람들의 작은 이상 징후를 빨리 알아차리고 적절한 대응을 할 수 있을 것이다. 혹은 정신장애 당사자를 힘들게 하는 사회적인 장애물을 제거해 나가는 한 사람이 될 수도 있을 것이다.

즉 우리가 정신장애에 관해 배우는 것은 우리 자신을 위한 일인 동시에 주위 사람들을 위한 일이고 이미 정신장애를 가지고 있는 사람들을 위한 일도 되는 것이다. 독자들이 이런 마음으로 이 책을 읽어주기 바란다.

자, 이제 본격적으로 알기 쉬운 정신 의학 해설로 들어가 보자.

목차

머리말

제 1 장 | 신비한 정신의학의 세계

제 2 장 정신의학 관점에서 본 '이런저런 사람들'

불안 장애

신체 증상 장애와 관련된 증후군

히스테리라 불리는 장애

섭식장애

의존/기벽

수면장애

섬망

인격장애

부록 | 정신학의 역사

세계사

일본사

정신의학의 치료를 확립한 사람들

세계사

정말로 존재했던 무서운 옛 치료법

맺음말

제 1 장

신비한 정신의학의 세계

마음의 변화는
왜 일어나는가 ?

용감한 구피는 살아남지 못한다

육식을 하는 큰 물고기 배스(Bass)와 작은 열대어인 구피(Guppy)를 60시간 동안 같은 수조에서 사육한 흥미로운 실험이 있었다.

구피는 총 60마리가 준비됐는데, 작은 자극에도 바로 도망치는 소심한 구피 20마리와 일반적인 보통 구피 20마리, 상대방을 관찰하는 용감한 구피 20마리로 구성됐다.

결과는 놀랍게도 용감한 구피는 모두 배스에게 잡아먹혔고 보통 구피 3마리와 소심한 구피 8마리가 살아남았다. 즉 위험한 환경에서 살아남기 위해 필요한 것은 용맹성보다도 소심함이라는 것이다.

또 하나, 이번엔 인간을 대상으로 한 다른 실험을 소개하자면, 128명에게 낮과 밤에 각각 공포스러운 자극을 주었더니 낮보다 밤에 더 민감하게 반응하는 경향이 나타났다.

인간은 시각에 의존해 살아가기 때문에 어두운 상태에서 더 불안함을 느끼는 것이 당연하다. 밤이 되면 안전한 집으로 돌아가고 싶어 하는 것도 이런 이유 때문이고 위험한 상황에서 불안함을 느끼는 것은 살아남기 위한 본능이라고도 할 수 있다.

여성의 불안감은 남성의 2배

2장에서 더 구체적으로 설명하겠지만 '불안장애'라는 정신 질환이 있는데 이 불안장애는 여성에게서 나타날 확률이 남성의 2배이다. 일상생활 속에서도 남성보다 여성이 더 불안감을 많이 느낀다는 것은 누구나 쉽게 상상할 수 있을 것이다.

인류의 먼 조상들이 수렵과 채집으로 식량을 손에 넣던 시절, 밖에 나가 사냥을 하는 것은 남성이었다. 여성도 물론 밖에서 나무 열매를 따거나 했겠지만, 대부분은 집 근처에서 하루를 보냈을 것이다.

사냥을 하면 맹수의 습격을 받아 목숨을 잃을 가능성이 크다. 종족 보존을 고려한다면 출산할 수 있는 여성이 많이 확보되는 것이 유리하고 이런 이유로 여성은 안전한 장소에 머무르고 싶어하는, 즉 불안감을 많이 느끼는 쪽으로 진화했다고 해석할 수 있다.

이 종족 보존의 메커니즘이 현대의 인류에게도 적용되고 있는 것이다.

계절과 기분의 연관성

인간의 기분은 계절과 날씨에 따라서도 크게 좌우된다.

여름에는 활력이 넘치고 활동적이지만 가을이나 겨울에는 기분이 가라앉고 쓸쓸한 느낌이 드는 사람이 많다.

이것 역시 일종의 생존 전략이라고 할 수 있다.

기온이 높고 일조시간이 긴 여름에는 사냥할 시간도, 나무 열매를 딸 시간도 충분하다. 그래서 먹거리 걱정을 많이 하지 않아도 되고 활동을 왕성하게 할 수 있는데 여기에는 성생활도 포함된다.

하지만 추운 겨울에는 비축해 놓은 식량을 아껴야 하기 때문에 마치 동물이 겨울잠을 자듯 활동을 줄이고 되도록 에너지를 최대한 소비하지 않아야 한다.

따라서 활발하게 활동하던 여름이 끝나고 추운 계절이 찾아올 즈음에는 마음이 쓸쓸해지고 사람이 그리워져서 되도록 함께 모여서 지내게 되고 기분이 가라앉아 활동을 하고 싶지 않으니 얌전히 지내게 되는데, 이렇게 해서 추운 겨울을 무사히 넘겨온 것이라고 생각해 볼 수 있겠다.

비 오는 날은 기분이 가라앉는 것이 당연하다

쥐를 대상으로 실험했더니 저기압에서는 움직임이 줄고 가만히 있는 시간이 늘어난다는 결과가 나왔다. 또 기분장애 환자는 습도가 높은 날(비가 오거나 흐린 날)에는 기분이 좋아지는 조증 상태가 적게 나타나고, 습도가 낮은 날(맑은 날)에는 조증 상태가 많이 나타난다는 연구 결과도 있다.

즉 기압이 낮고 비가 오는 날에는 기동력이 떨어진다는 것인데, 이것도 인간의 유전자에 박혀 있는 방어 메커니즘으로 생각된다.

인간은 몸이 젖으면 감기에 걸릴 수도 있고 컨디션이 안 좋아진다. 지금이야 기능적인 우비들이 많아 비를 맞지 않고 외출할 수도 있고 비를 맞더라도 수건으로 닦으면 된다. 하지만 옛 시대에는 그렇지 않았다. 비에 젖지 않으려면 동굴 같은 곳으로 비를 피해 가만히 있을 수밖에 없었다. 그래서 비가 오는 날에는 기분이 가라앉고 활동성이 낮아지도록 인간의 몸이 설계되어 있는 것이다.

우울함도 하나의 생존 기능

원숭이와 같은 영장류 집단에서 우두머리 자리를 놓고 싸움이 일어났을 때, 싸움에서 진 쪽은 우울증에 빠지게 된다. 그런데 이런 우울증이 집단의 안정화에 도움이 되는 것으로 알려져 있다.

원숭이 A와 원숭이 B가 싸워서 A가 이겼다고 하자. 원숭이 A는 우두머리(보스)가 되고 B는 실의에 빠진다. 만약 이때 원숭이 B가 싸움에 졌는데도 뒤로 물러서지 않고 계속해서 싸우려는 의지에 불타고 있다면, 그 원숭이 집단에서는 싸움이 끊이질 않고 나중에는 서로 싸우다 죽음에 이르는 사태가 일어날지도 모른다.

반대로 B가 '난 역시 A를 이길 순 없어' 하며 한 발 뒤로 물러난다면 싸움은 끝이 나고 서로 목숨을 잃는 일도 발생하지 않을 것이다. 게다가 그 집단의 위계질서가 확립되어 다른 원숭이들도 안심하고 지내게 될 것이다.

이렇게 싸움에 졌을 때 낙심하며 한 발 뒤로 물러서는 것도 중요한 생존 기능 중 하나인 것이다.

우울함은 사고의 전환을 위한 기회

당신과 내가 정글에서 사냥을 한다고 해 보자.

당신은 처음에 의욕에 불타며 엄청난 것을 사냥해 주겠다고 자신만만한 태도를 보였다. 그런데 만약 함께 있던 내가 맹수의 습격을 당해 목숨을 잃는 것을 눈앞에서 보았다면 어떤 일이 일어날까? 아마도 당신의 의기양양하던 자신감은 금세 날아가고, 불안과 공포에 덜덜 떨며 어디론가 도망치기에 바쁠 것이다. 그리고 맹수가 어딘가로 사라진 후, 겁에 질려 주위를 살피며 집으로 돌아갈 것이다.

그런데 이것이야말로 당연한 것이다. 당신은 이런 일종의 우울 상태에 빠짐으로써 과도한 자신감에 들떠 있던 인지 능력을 일반적인 상태로 되돌

릴 수 있고, 자기 자신을 보호하는 최적의 방법에 대해 생각할 수 있게 되는 것이다.

또 다른 경우도 생각해 보자.

혼자서 사냥에 나섰던 어떤 사람이 잘못해서 큰 구덩이에 빠졌다고 하자. 혼자 힘으로 거기서 빠져나올 수 없다는 사실에 그는 아마도 의욕을 잃고 아무것도 할 수 없어 낙담하게 되고, 허탈감에 빠져, 그 구덩이 속에 주저 앉아있게 될 것이다.

그럴때는 아무것도 하지 않고 가만히 있는 것이 오히려 움직일 때 보다 더 많은 체력을 보존할 수 있는 것이다. 그리고 가만히 있다가 지나가던 누군가에 의해 구조될 수도 있을 것이다. 만일 그가 활발하게 움직인다면 체력은 금세 소진될 것이고, 지나가던 사람도 구태여 그 사람을 구조해야 할 필요성을 못 느낄 수도 있다.

이렇게 여러 가지 예를 들었지만, '마음의 변화는 왜 일어나는가?'에 대해 한 마디로 대답한다면? ' 그것은 인간이 건강한 몸으로 살아가기 위한 기능 때문'이라고 할 수 있을 것이다.

정신장애는 대부분 필요에 의해 생겨난 것

현대에는 알코올이나 마약 등의 물질 의존증, 도박이나 쇼핑 중독과 같은 행동 의존증이 사회문제로 대두되고 있다. 하지만 예전에는 무엇이든 '하면 할수록 좋다'는 인식이 많이 존재했다. 먹을 것은 많이 비축할수록 좋은 것이었고, 성생활도 활발하게 할수록 후손을 많이 남길 수 있었다. 바꿔 말하면 의존증에 빠질 정도로 많이 하는 것이 오히려 종족 보존에 유리했다고 할 수도 있을 것이다.

현대사회에서는 의존증이나 불안장애, 우울증 같은 정신 질환 증상이 나쁜 것으로 여겨지고 있지만 이런 것들도 원래는 인간이 살아남기 위해 생겨난 소중한 수단이 아니었을까?

갑자기 심한 불안감에 휩싸이는 공황장애나, 누군가와 함께 있지 않으면 불안해서 견딜 수 없는 분리불안장애는 모두 주변 사람들에게 도움을 요청해서 생존 가능성을 높이려는 일종의 생존 수단이라고 할 수 있다.

즉 정신장애는 인간이 살아남기 위해 생겨난 생존 수단 중 하나이며, 다만 그것이 조금 과하게 나타나고 있다고 생각할 수 있을 것이다.

현대사회에 적합하지 않은 과도한 생존 기능을 적절히 제어하는 것이 정신 의학

이런 과도한 정신적 증상은 현대사회에는 적합하지 않은 경우가 많다.

불안을 느끼는 것이 아무리 생명을 지키기 위함이라 해도 너무 과도하면 요즘 같은 시대에는 외출도 못하고 남들과 대화를 나누지도 못할 테니 그에 따른 불편함과 불이익이 있을 것이다.

예를 들어 직장에서 업무상 실수를 했다고 해서 한없이 불안하고 우울해한다면 일을 할 수 없는 것처럼 말이다.

우리가 살고 있는 현대사회에서는 불안감이나 침울함, 우울증, 의존증 등 원래는 소중한 생존 기능이었던 것들이 과도하게 나타남으로써 많은 사람들을 고통스럽게 하고, 힘들게 하고, 괴로워하게 한다.

그래서 정신의학이 필요한 것이다.

흔히 정신장애라고 하나로 묶어서 말하지만, 정신장애의 증상은 너무나도 다양하다. 또 같은 정신장애라도 사람에 따라 증상의 정도가 다르다. 이런 것들을 기본적으로 다 이해하고 그런 관점에서 환자를 바라보는 것이 정신의학이다.

하지만 정신적인 장애를 가진 사람은 본인이 스스로 의료적인 해결 방법을 찾는 경우는 많지 않다. 그렇다고 그런 사람들을 방치한다면 정신의학은 존재 가치가 없어질 것이다. 때로는 대화를 통해, 때로는 다른 방법을 통해 환자와 소통하며 환자를 지켜보는 것이 정신의학에 종사하는 우리의 일인 것이다.

나아가 적극적인 약물치료 등을 하지 않으면 치료가 불가능한 경우나, 약물로 증상이 나아져도 자해나 자살, 생업을 유지할 수 없게 되는 등의 위험한 징후가 나타나는 경우에는 지켜보는 것으로 그치지 말고 적절한 수단으로 도움을 줘야 한다.

중요한 질문! 마음은 어디에 있을까?

아주 오래전, 사람들은 '마음이 심장에 있다'고 생각했다. 아리스토텔레스도 그 중 한 사람이다.

현대를 살고 있는 우리들도 마음을 '하트(심장)'라고 표현하고 좋아하는 사람 앞에서 가슴이 두근거리면 마음이 심장에 있는 것처럼 느끼곤 한다.

한편 히포크라테스는 '마음은 뇌에 있다'는 현대적인 사고를 한 사람이다.

17세기에 들어서면서 해부학자들에 의해 신경이 뇌로 이어진다는 것이 밝혀졌고, 이로 인해 마음이 뇌에 있다는 학설이 더욱 힘을 얻게 되었다.

이렇게 몸과 마음의 관계는 오랫동안 연구되어 왔는데, 그중에서도 큰 흐름을 두 가지로 나누면 '심신 일원론'과 '심신 이원론'일 것이다.

대표적인 심신 일원론으로는 '유물론'과 '유심론'이 있는데, 유물론의 주요 개념은 '마음(정신)은 모두 대뇌에서 일어나는 물질적인 현상의 결과에 불과하다. 즉 뇌가 만들어내는 환상이 마음의 세계'라는 '심뇌 동일설'이다.

유물론에는 이 밖에도 '기능주의', '철학적(논리적) 행동주의', '소극적 유물론' 등 복잡한 학설들이 있으니, 관심이 있는 사람은 찾아보기 바란다.

한편 유심론은 '마음이 그 자체로서 존재한다. 즉 마음을 실체로 인정한다'는 것인데, 그렇다고 물리적인 세계를 부정하는 것은 아니다.

심신 이원론은 플라톤에서 시작됐고 대표적인 철학자로는 데카르트가 있는데 '뇌를 포함한 신체는 물리적인 법칙에 따라 움직이는 것이고, 거기에 마음이 깃든다'는 이론이다. 하지만 그래서 마음이 어떻게 뇌와 관련이 있다는 것인지는 납득할 만한 설명을 내놓지 못했다.

현재는 심신 일원론의 심뇌 동일설과 심신 이원론이 학계에서 인정을 받고 있지만, 정신 의학에서는 마음이 어디에 있는지에 대해 특별한 결론을 내리지 않고 있다. 실제로 정신과 전문의들도 여러 가지 이론을 따르고 있지만 그렇다고 해서 무슨 문제가 되지는 않는다.

왜냐하면 심신 일원론(심뇌 동일설)으로 접근하면 환자와 대화하는 것도 약을 처방하는 것도 모두 뇌에 대한 처치라는 얘기가 되고, 심신 이원론으로 접근하면 환자와의 대화는 마음에 대한 처치이고 약을 처방하는 것은 뇌에 대한 처치가 되는데, 어느 쪽이든 환자와 적절한 대화가 이루어지고 투약이 이루어지면 되는 것이지 두 가지 이론이 동시에 존재한다고 해서 환자의 마음에 나쁜 영향을 미치는 것이 아니기 때문이다.

정신장애는 왜 생기는가?

정신장애의 원인은 세 가지

정신장애의 원인은 크게 세 가지로 나누어 볼 수 있다.

첫 번째는 신체적인 질환 등 외적인 이유로 유발되는 '외인성 정신장애', 두 번째는 뇌의 기능 장애로 인해 발생하는 '내인성 정신장애', 세 번째는 스트레스나 심리적인 특성에서 오는 '심인성 정신장애'이다.

신체 질환이나 알코올 등 물질적 영향으로 발생하는 '외인성 정신장애'

외인성 정신장애는 주로 신체적인 문제가 계기가 된다.

예를 들면 갑상선기능 저하증, 빈혈, 비타민 결핍 등으로 인한 우울증이 있다.

또 뇌종양이나 뇌출혈, 뇌경색 처럼 뇌의 기질적 이상이 있는 경우, 혹은 사고로 뇌에 손상을 입은 경우에도 정신적인 이상이 나타나는 경우가 많다. 각성제나 알코올 같은 물질을 섭취했을 경우에도 정신적인 증상이 나타날 수 있다.

외인성 정신장애인 경우, 원인이 되는 신체 질환이나 뇌의 기질적 이상을 치료하거나 알코올 등의 물질 섭취를 중지하면 증상이 호전될 수 있다.

정신과의 대표적 치료 대상인 내인성 정신장애

정신과에서 다루는 정신장애 중에서 가장 많은 것이 내인성 정신장애이다.

내인성 정신장애에는 조현병, 기분장애, 심한 우울증, 강박증 등 여러 가지가 있다. 즉 원인이 뇌에 있는 정신장애가 대부분 여기에 해당한다.

예를 들어 중간뇌의 변연계(뇌의 여러 기능이나 구조물)에서 도파민이 과다하게 분비되면서 환각이나 망상이 나타난다든지, 세로토닌 신경계의 기능 장애로 우울증이 나타나는 등으로 정신장애의 원인이 뇌의 어떤 기능적인 장애로 발생하는 경우가 내인성 정신장애다.

내인성 정신장애의 대부분은 약물요법의 대상에 해당된다. 정신과에서 처방하는 약은 항우울제, 기분 안정제, 항불안제, 수면제 등 여러 가지가 있는데 이런 약물들을 '향정신성 의약품'이라고 한다.

심리적 요인이 원인인 심인성 정신장애

심리적인 영향에 의해서도 정신 증상이 나타난다. 예를 들어 무엇이든 부정적으로 생각하는 경향이 있는 사람에게 불안 증세가 나타날 수 있고 직장이나 인간관계로 인해 강한 스트레스를 느껴서 우울증이 나타나는 경우를 생각해 볼 수 있다.

이런 심인성 정신장애에는 정신과 전문의에 의한 정신 요법이나 심리 상담사에 의한 심리요법(카운슬링) 등의 대화가 특히 중요시된다.

세 가지 원인에 따른 정신장애와 적절한 치료법

외인성, 내인성, 심인성 정신장애는 각각 그에 맞는 적절한 치료법이 있다. 원인이 확실한 경우에는 그에 특화된 치료를 받게 된다. 다만, 세 가지 원인 중 두 가지 이상에 걸쳐 있다든지 중간적인 원인으로 인한 정신장애라면 다각적인 치료가 필요하게 된다. 예를 들어 갑상선 기능 저하로 우울증이 온 경우라면 환자에게 갑상선 치료를 하면서도 우울증이 심할 경우 향정신성의약품을 처방할 수도 있고 상담을 병행할 수도 있다.

정신과와 심료내과의 차이는 ?

‘정신과’와 ‘심료내과’는 다르다

호흡기내과, 혈액내과, 유방외과, 구강외과…… 대학병원처럼 규모가 큰 의료기관에 가면 다양한 진료과가 있고 각 분야의 전문의들이 각각 전문 분야에 특화된 진료를 하고 있다.

그렇다면 정신장애 때문에 병원을 찾은 환자는 어느 과로 가야 할까? 답은 주로 ‘정신과’와 ‘심료내과(심리치료 내과)’이고, 환자가 혼동하기 쉬운 것으로 ‘신경과’가 있다.

조현병이나 기분장애, 우울증, 불안장애 등 정신과 관계되는 장애를 다루는 것은 ‘정신과’이다.(신경정신과라는 명칭을 쓰는 의료기관도 있다)

한국에는 우울증 등 정신장애 증상이 있을 때 주로 ‘정신건강의학과(정신과)’라는 명칭으로 통합해서 진료하지만, 일본에서는 정신과와 심료내과라는 명칭으로 구분해서 진료하고 있다. 그런데 이 두 진료과를 명확히 구분하는 것은 일반인에게는 쉬운 일은 아니다. (*심료내과心療內科- 정신장애의 경우 일본에서는 정신과 외에도 특이하게 심료내과라는 게 있다. 마음의 상처를 치유하는 내과라는 뜻으로 가벼운 마음의 문제를 다루며 중증의 정신병과 구분하여 진료하고 있다-편집자 주)

섭식장애나 공황장애와 같이 영역이 겹치는 질환도 있어 일률적으로 분리해서 말할 수는 없지만, 정신과와 심료내과는 본질적으로 다른 입장을 취하고 있다.

정신질환을 진료하는 것이 ‘정신과 전문의’이고 마음과 관련된 신체적 문제를 진료하는 내과가 ‘심료내과 전문의’인 것이다.

심료내과는 마음의 상태를 진료하는 내과의사

심료내과는 사회심리학적 요인의 영향으로 나타나는 신체적 질환인 심신증을 주요 대상으로 하는 심신의학이다.

심신의학의 키워드는 몸과 마음이 서로 연관되어 있다는 의미의 '심신상관'이다.

예를 들어 과민성 대장 증상, 스트레스성 위궤양, 긴장성 두통 등은 스트레스와 같은 정신적인 요인이 신체의 밸런스를 깨트리기 때문에 일어난다.

반대로 신체적인 밸런스가 깨진 채로 오랜 시간을 지내다 보면 정신적으로도 한계에 이르게 되는 사람도 있을 것이다. 이런 신체의 불균형이 뇌에 영향을 미치기도 하는데, 이것 역시 심신상관과 관련이 깊다.

내과 전문의가 이런 사람들의 마음 상태를 진료하는 것이 진정한 심료내과지만, 현실적으로 내과 의사가 아닌 정신과 의사가 진료를 하는 심료내과가 일본에는 많이 존재하는 것이 현실이다.

정신과 전문의가 심료내과를 진료하는 이유

예를 들어 기분이 심하게 우울해져 혹시 '내가 우울증이 아닌가?' 걱정될 때, 당신은 어떤 진료과를 찾게 될까? 혹은 아침부터 술을 마셔대는 가족이 걱정돼서 병원에 데려가고자 할 때, 사람들은 과연 어느 과로 데려가겠는가?

우울증이나 알코올 의존증 치료를 하고자 할 때 가장 적절한 것은 정신과에 가는 것이다. 하지만 정신과에 가는 것 자체를 꺼려하는 사람은 아직도

적지 않다. 그래서 정신과 전문의임에도 불구하고 환자들이 더 가벼운 마음으로 방문할 수 있는 심료내과를 개원하는 의사들이 많이 있는 것이다.

특히 대도시에 심료내과 클리닉이 많이 있는데 거기서 진료하는 의사들은 대부분이 정신과 전문의이다. .

정신과와 같은 그룹이었던 '신경과'

또 한 가지, 신경과도 역시 정신과와 가까운 진료과다.

신경과는 뇌신경과라고 하기도 하는데, 주로 뇌, 신경계 기능 장애, 운동이나 감각에 이상 증상이 나타나는 근육 질환을 다루는 과이다. 구체적으로는 치매, 뇌전증(간질), 파킨슨병, 뇌경색 등이다.

특히 치매는 정신과와 치료 영역이 겹치기도 한다. 치매 진단을 받은 환자는 정신과에서 치료받는 경우도 있고 신경과에서 치료받는 경우도 있다.

신경과는 '신경외과'와 구분해서 이름을 썼었고 정신과와 같은 그룹이었는데 더 전문적인 분야로 분리되어 독립한 것이다.

'신경외과'는 뇌와 신경의 수술적 진료를 하는 외과

참고로 신경외과(신경외과의 뇌 파트라고도 한다)는 뇌와 척수, 신경계에 생긴 질환을 두개골을 열고 수술로 외과적 치료가 이루어진다. 뇌출혈, 뇌경색, 뇌종양, 말초신경, 뇌척수, 수두증, 추간판 탈출증 등이 주요 치료 분야이다.

심한 두통이나 어지럼증, 말이 어눌해지는 등의 증상이 나타날 때 찾아야 하는 진료과로, 같은 뇌를 다룬다고 해도 정신과와는 분야가 전혀 다르다.

'심리상담사(카운슬러)'는 심리학 전문가

마지막으로 정신과 의사와 혼동하기 쉬운 심리상담사에 관해서도 언급하자면, 정신과, 심료내과, 신경과, 신경외과의 전문의들은 모두 의학을 공부한 의사이고, 심리상담사는 심리학을 공부하고 주로 대화를 통해 이루어지는 심리요법(카운슬링)으로 환자를 치료하는 사람이다. 자격증의 종류가 몇 가지 있는데, 정부 인가를 받은 협회나 학회에 소속된 임상 심리사와 국가공인자격증을 가진 공인 심리사가 있다.

제 2 장

정신의학 관점에서 본 '이런저런 사람들'

2장을 읽기 전에 - 'DSM-5'란 무엇인가

본론으로 들어가기 전에 일단 본문에 자주 등장하는 'DSM-5'에 관해 설명하는 것이 좋을 것 같다.

암이나 심근경색은 초음파나 CT, MRI 등을 찍어보면 알 수 있고, 당뇨병이나 간질환처럼 혈액검사만으로 발견할 수 있는 질환도 많다. 또 감염성 질환은 검체를 배양해서 세균이 검출되면 쉽게 판명이 가능하다. 이렇듯 거의 대부분의 질병은 '검사'를 하면 진단이 내려진다. 하지만 정신장애의 대부분은 뚜렷한 검사라는 것이 존재하지 않는다.

그렇기 때문에 현대 정신 의료 임상의 현장에서 지침으로 사용하는 것이 'DSM-5(Diagnostic and Statistical Manual of Mental Disorder-5th edition, 정신질환 진단 및 통계 매뉴얼 5차 개정판)'이다. DSM이란 미국정신의학회(APA: American Psychiatric Association)에서 발간하는 서적으로, 필자의 유튜브 채널에도 이 진단 기준에 관해 설명해 놓은 것이 있다.

DSM이 처음 만들어진 것이 1952년이고 개정판이 나온 것이 1968년인데, 당시에는 아직 질환에 대한 설명이 난해한 용어로 기재돼 있을 뿐이었고 명확한 진단 기준이 되지는 못했다.

이런 상황에서 정신장애 진단은 의사들의 추정에 의한 진단이 이루어지기 일쑤였다. 눈앞에 있는 환자의 증상이 그 의사가 가지고 있는 정신질환의 개념에 얼마나 부합하느냐에 따라 병명이 결정됐다..

이렇게 되면 당연히 진단한 의사에 따라 병명이 달라진다. 실제로 같은 정신장애 환자의 데이터를 뉴욕과 런던의 정신과 의사들에게 동시에 보냈을 때, 뉴욕에서는 조현병이라는 진단이 많았지만, 런던에서는 기분장애

(Mood Disorder)라는 진단이 많이 내려졌다는 연구가 있다.

이런 가운데 1960년대 이후 반정신의학(Anti-Psychiatry) 운동이 일어나면서 정신의학에 대한 회의적인 시각이 생겨났다. 이때 많은 지적을 받은 문제점은 주로 두 가지로 요약할 수 있다. 하나는 정신과 의료라는 미명 하에 인권침해의 소지가 있을 수 있다는 점이고, 또 하나는 의사의 자의적 해석으로 비과학적인 의료 행위가 이루어지고 있는 것이 아닌가 하는 점이었다. 이러한 배경 때문에 1980년대에 발간된 DSM 3번째 개정판에는 환자의 증상을 관찰해서 알고리즘에 따라 객관적인 실험적 절차로 측정하는 *'조작적(Operational) 진단'이 보급되기 시작했다. 즉 질환의 원인을 다루는 것은 유보하고 질병을 증후군(증상의 집단)으로 파악하려 했던 것이다. 이 새로운 시도는 1994년에 발간된 4번째 개정판과 2013년에 발간된 5번째 개정판으로 이어지며 내용이 점점 더 세련되어져 갔다. 자신의 추정으로 판단하는 것이 아니라 환자의 증상을 관찰하고 알고리즘에 맞춰가는 진단 시스템이 보편화되면서 의사들은 'A, B, C라는 요소로 미루어 볼 때 조작적으로 ~~장애로 진단된다'라는 식의 공통된 기준을 갖게 된 것이다.

나아가 현재는 이런 단계를 거쳐 'A, B, C라는 요소로 인해 알고리즘적 통계에 의한 기법으로는 ~~ 장애로 진단된다. 여기에 덧붙여 D, E라는 요소를 감안하면… ~~라고 할 수 있다'라는 식의 본질적인 진단이 이루어지고 있다.

DSM과 같은 시스템적 진단은 분명 맛깔스럽지 못한 것이 사실이다. 수학으로 치자면 '중간 계산식' 같은 것이기 때문이다. 하지만 중간 계산 과정

---

*조작적(操作的) 진단은 주어진 연구의 맥락 속에서 추상적인 개념을 좀 더 보편화 할 수 있도록 연구 자체의 신뢰도를 높이는데 있다.

을 이해하지 못하면 그 문제를 풀지 못한다.

정신과 의료에 종사하는 관계자들이라면 반드시 이 풀이 과정을 겸허하게 공부해야 할 것이다.

기분이 좋지 않고
다운돼 있는 사람들
(우울증)

우울과 조증이 반복되는
불안정한 사람들
(양극성 장애)

기분장애의 대표적인 질환으로는 ‘우울증’과 ‘조울증’을 들 수 있다.
이 두 질환의 주요 증상은 기분이 지나치게 침울해지거나 항상 기분이 들떠있어 감정 조절이 잘 안 되는 것인데, 이런 일은 누구나 살면서 자주 겪는 일이지 그리 특수한 것은 아니다.
다만 이런 상태가 오래 지속되거나 그 정도가 너무 강해서 생활에 지장을 초래할 정도라면 기분장애를 의심해 볼 수 있다.
참고로 ‘우울증’과 ‘양극성 장애’는 전문의 조차 구분이 쉽지 않다.
양극성 장애는 우울증의 증상이 조증보다 더 많이 나타난다. 그래서 우울증이라고 생각하는 환자 중에는 양극성 장애를 함께 가지고 있는 경우가 많다.

기분이 좋지 않고 다운돼 있는 사람들 (우울증)

우울증의 시점 유병률(일정 시점에서 증상을 가지고 있는 사람들의 비율)을 보면 여성 5~9%, 남성 2~3%이지만 평생 유병률은 여성 10~25%, 남성 5~12%로 훌쩍 높아진다. 즉 우울증은 살면서 누구나 겪을 수 있는 흔한 정신과 질환인 것이다.

이환율 즉 병에 걸리는 비율은 여성이 남성의 두 배지만 자살률은 반대로 남성이 여성의 두 배다. 또한 우울 증상이 발생하는 것은 꼭 우울증에만 국한되지 않으며, 대표적으로는 양극성 장애 증상일 때도 나타난다.

우울증과 같은 정신장애는 발생 원인에 따라 '심인성' '외인성' '내인성'으로 분류할 수 있다.

실연당했을 때처럼 힘든 일이 있을 때나 원래 가지고 태어난 부정적인 성격으로 인해 일어나는 것이 심인성 정신장애이고, 뇌종양 같은 뇌의 기질적 질환이나 갑상선 기능 저하 같은 질병, 스테로이드 등 약물의 영향으로 나타나는 것이 외인성 정신장애이다.

그리고 마지막으로 내인성 우울증은 세로토닌이나 노르 아드레날린, 도파민 같은 다양한 '신경전달물질'의 이상으로 인해 뇌가 정상적인 기능을 하지 못하는 상태인데, 바로 이 내인성 우울증이 정신질환 차원에서 우울증의 가장 핵심적인 존재라고 할 수 있다.

고통스런 일이나
원래 성격이 부정적이라
기분이 다운되는 것:

심인성

뇌 질환, 신체적 질환,
약물 등의 영향으로
이상이 나타나는 것:

외인성

뇌 자체에 이상이 있는 것:

내인성

우울증 환자에게 일어나는 일, 그리고 그들이 겪는 어려움

우울증에 걸리면 다양한 '우울 증상'을 겪게 된다. 우울 증상이 나타난 상태를 '우울 상태'라 하고 주로 다음과 같은 9개의 상태로 나눈다.

1. 기분이 좋지 않고 다운된다(우울한 기분)

가장 대표적인 증상. 뭘 어떻게 해도 기분이 좋아지지 않고 다운된다. 슬픈 감정으로 인해 눈물을 흘리기도 한다.

2. 좋아하는 일조차도 하기 싫어진다(흥미와 즐거움의 현저한 감소)

가족이나 친구도 만나고 싶지 않고, 초대받아도 놀러 갈 마음이 생기지 않는다. 좋아하는 TV 프로그램이나 YouTube 채널도 보고 싶지 않고, 사랑하는 반려동물이나 손자 손녀도 전혀 예쁘지 않고 오히려 귀찮기만 하다. 아무도 날 건드리지 말고 그냥 내버려뒀으면 좋겠다는 생각이 든다.

3. 맛있는 것이 없어진다(식욕감퇴, 체중감소)

음식이 맛이 없어지고 예전에 좋아하던 것도 먹고 싶은 생각이 들지 않는다. 뭔가 먹더라도 그저 의무감에서 먹고 있을 뿐일 수도 있다. 실제로 먹는 양이 줄어서 체중이 줄기도 한다.

한편 비정형 우울증에서는 과식을 하게 되는 케이스도 있는데, 특히 '탄수화물 굶주림'이라고 해서 단 음식 등을 많이 섭취하게 된다.

4. 잠을 푹 자지 못한다(불면 혹은 과수면)

자고 나도 개운하지 않고 밤에 자주 깬다. 특히 새벽에 눈이 떠져서 그대로 다시 잠들지 못하는 '새벽형 각성'이 많이 나타난다. 잠을 자더라도 전체적인 수면의 질이 떨어지기 때문에 푹 자고 일어났다는 느낌이 없는 경우가 많다. 비정형 우울증에서는 반대로 장시간 잠들어 버리는 '과수면'이 나타나기도 한다.

5. 일상적인 대화가 불가능해 진다(정신운동 초조증 혹은 정신운동 지연)

안절부절못하고 돌아다니거나, 멍하니 서성이는 등 어쩔 줄 몰라 머뭇거리는 모습을 보이는 정신운동 초조증이 나타나기도 하고, 두뇌 회전이 잘 안돼서 질문에 즉각 대답하지 못하는 응답 지연, 동작이 느려지거나 아예 움직이지 못하는 정신운동 지연이 나타나기도 한다.

6. 쉽게 피로해지고 몸이 나른하다(기력 저하와 피로감)

무슨 일이든 의욕이 없고 하려는 마음이 있어도 아무 것도 할 수 없다. 몸을 씻기도, 양치하기도, 밥을 먹는 것조차 귀찮아진다. 당연히 직장에서 일을 할 수도 없다.

의욕이 없어 활동을 덜 하는데도 쉽게 피로해 지고 몸이 개운하지 않은 나른한 권태감이 나타난다.

7. 자신을 가치가 없다고 느끼거나 죄책감을 느낀다

자신이 아무런 가치가 없는 인간이라고 생각한다. 나쁜 일을 한 것도 아닌데 죄책감을 느끼기도 한다.

8. 뭘 해야 좋을지 몰라 절망한다(사고력과 집중력 감퇴, 결단력 저하)

글을 읽어도 글자만 눈으로 훑고 있을 뿐 내용이 전혀 머리에 들어오지 않고 TV를 보거나 회의 중에 누가 발언을 하더라도 머릿속에 들어오지 않는다.

무슨 일을 어떻게 해야 할지 결정하지 못한다. 예를 들어 냉장고를 들여다봐도 안에 있는 재료로 무슨 요리를 해야 할지 전혀 생각이 떠오르지 않는다. 마트에 장을 보러 가도 뭘 살지 몰라 멍하니 서 있기만 한다.

9. 죽음을 갈망한다(자살 충동, 죽음에 대해 반복적으로 생각)

죽고 싶다는 생각이 강하게 든다. 이것을 전문용어로 '죽음에 대한 갈망'이라고 하며 그중에서도 자살하고 싶다는 생각을 '자살 충동'이라고 한다.

죽고 싶다는 것 외에도 '내가 죽으면 어떻게 될까?'처럼 자신의 사후에 대해 반복적으로 생각하는 경우도 있다.

'DSM-5' 진단 기준에 의하면 위 9가지 우울 증상 중 1번 혹은 2번을 포함해 5개 이상이 2주 이상 계속되면 '우울증'이라는 진단을 내린다.

우울증은 우리 주변에서 매우 흔히 볼 수 있는 정신질환으로 이 책을 읽고 있는 독자들이나 그 주변 사람들 누구나 우울증과 연관이 있을 수 있다.

단, 우울 상태는 우울증뿐 아니라 다음 장에서 얘기할 '양극성 장애'에서도 나타난다.

또한 우울증인 사람 중에는 아침 일찍 잠이 깨는 '새벽형 각성'이 많다. 그리고 특히 아침에 컨디션이 안 좋은 경향이 있다. 점심 때쯤 되면 조금씩 시동이 걸리면서 저녁부터 다소 일상생활이 편해지지만, 자고 일어나면 다시 컨디션이 매우 안 좋아지는 악순환이 반복되는 것이 전형적인 특징이다.

다만 불안감과 초조한(안절부절못하는 느낌) 감정은 오히려 밤에 더 심해진다는 사람도 많다. 우울증 환자의 60%가 불안장애와 함께 나타나며, 85%는 불안장애라는 진단이 내려질 정도는 아니더라도 다양한 형태의 불안한 감정을 느낀다.

어떤 경우에는 '미소망상(모든 점에서 자기 자신을 지나치게 과소평가하는 병적인 생각이나 판단- 편집자 주)'이라 불리는 망상이 나타날 수도 있다

또한 우울증에는 통증 같은 신체 증상을 동반하기도 하는데 그것이 우울증으로 인한 것임을 본인은 깨닫지 못하는 경우가 많다. 이 때문에 처음부터 정신과를 찾는 비율은 10%에도 못 미치고 그 외의 사람들은 내과 등에서 먼저 진료를 받는다. 이런 사람들은 다음에 설명할 '가면 우울증'을 주의할 필요가 있다.

다양한 우울증(OO우울증)

- **이사 우울증**: 이사로 인한 피로감이나 환경의 변화에 의해 이사 후에 나타난다
- **승진 우울증**: 직장에서 승진하면 기뻐하는 것이 일반적이지만 환경의 변화나 책임이 무거워졌다는 사실 때문에 부담감을 느낀다.
- **빈 어깨 우울증**: 업무나 육아의 부담이 가벼워지면서 어깨의 짐을 내려놓은 것 같은 상태가 됐을 때, 오히려 마음이 허전해지고 큰 구멍이

뚫린 것 같은 상태가 된다. 그동안 지속돼 온 부담감이 표출되는 경우도 있다.

- **빈집 증후군**: 자녀가 취직하거나 결혼하면서 어머니 역할이 끝났다고 느낄 때 나타난다.
- **번아웃 증후군**: 열정적으로 일에 집중하던 사람이 급속하게 의욕을 잃는 경우.
- **5월 병**: 4월이 되면서 취업 등으로 환경이 변화하면 피로감을 느끼거나 남들처럼 적응하지 못하는 문제가 5월쯤에 표면으로 드러난다(역자 주: 일본은 3월에 졸업식이 있고 4월에 새 학기가 시작된다).
- **퇴행기 우울증**: 호르몬 분비 감소와 체력이 떨어지면서 폐경기 여성 혹은 초기 노년기 남성이 많이 걸린다.
- **가성 치매**: 노인 우울증은 머리가 멍해져 치매와 혼동하기 쉬운데 우

울증을 치료하면 인지기능이 많이 회복된다.

→ 주산기 우울증: 임신이나 출산 후에 우울증에 걸리기 쉽다.

- **산후 우울증**: 출산 후 10일 이내의 산욕기에 약 20%의 산모가 일시적인 우울 증상을 겪는다. 산후 우울증은 질병이 아니지만 증상이 강하게 나타나거나 너무 오래 지속되는 경우에는 우울증으로 분류해야 한다.
- **가면 우울증**: 환자 자신이 기분이 다운됐다는 것을 자각하지 못하고 주로 통증과 같은 신체적인 증상만 호소하므로 발견하기 쉽지 않다
- **미소망상**: 경제적인 문제가 없는데도 자신이 가난하다고 생각하는 빈곤망상, 큰 죄를 저질렀다고 생각하는 유죄망상, 심각한 신체적 질병에 걸렸을 것이라고 생각하는 심적망상 등이 있다.

우울과 조증이 반복되는 불안정한 사람들 (양극성 장애)

전 세계 인구의 약 1%가 양극성 장애를 앓고 있는 것으로 알려져 있다. 남녀 비율은 1:1로 차이가 없다. 일란성 쌍둥이 중 한 명이 양극성 장애일 경우에는 다른 한 명도 89%의 높은 발병률을 보인다. 즉 유전적인 요소가 강한 것이다. 가족 중에 양극성 장애 환자가 있다면 본인도 양극성 장애가 될 확률이 높다고 보면 된다.

난치성 우울증의 약 60%가 양극성 장애라는 설도 있고 실제 환자는 더 많지만, 드러나지 않는 '숨은 양극성 장애 환자'가 많이 있다는 것이 전문가들의 지적이다.

양극성 장애에 관해 '울증일 때는 사람이 어둡고 힘들어하지만, 조증일 때는 밝고 신이 난다'는 식으로 단순한 이미지를 가지고 있는 사람이 많지만, 반드시 그런 것은 아니다. 조증일 때 불안해하거나 짜증을 내는 사람, 화를 잘 내고 폭언을 하며 문제행동을 보이는 사람 등 어두운 조증도 있기 때문이다.

양극성 장애 환자에게 일어나는 일, 그리고 그들이 겪는 어려움

먼저 확실히 말해 둘 것은, 명칭은 양극성 장애이지만 조증보다 울증이 더 많이 나타난다는 것이고, 이럴 때는 우울증과 완전히 똑같은 상태이며 우울증인지 양극성인지 구분하기 어렵다.

다만 울증의 증상 중에서도 움직임이 둔해지거나 초조해하며 안절부절 못하는 '정신과 운동기능 장애' 증상이 다소 많이 나타나는 경향이 있다. 하지만 그래도 역시 기본적으로는 우울증과 비슷한 상태이다.

양극성 장애가 우울증과 확연히 다를 때는 다음과 같은 조증 증상이 나타날 때이다.

- **고양된 기분, 개방적인 기분**

기분이 고조 된다. 스스로 나서서 여러 사람과 대화를 나누려 한다.

- **머릿속에 오만 가지 생각이 든다(주의 산만)**

이런저런 생각이 떠올라 집중하지 못하고 산만하다.

- **화를 잘 낸다(이노성)**

작은 일에도 금세 화를 내고 폭언을 한다. 쉽게 짜증을 낸다.

- **생각이 꼬리에 꼬리를 물고 계속된다**

빠른 속도로 여러 생각이 떠오르지만, 정리가 되지 않고 금세 사라지고 만다.

- **누군가에게 말을 걸고자 한다(담화심박, 다변)**

떠들고 싶은 욕구가 많아지고 한 번 얘기하기 시작하면 끝이 없다. 현대에는 SNS에 계속해서 글을 올리는 경우도 이에 해당될 수 있다.

- **뭔가를 해야만 직성이 풀린다(행위심박)**

가만히 있지를 못하고 비정상적인 활동성을 보인다.

- **수면 욕구 감소**

수면시간이 짧아지거나 잠을 거의 자지 않는다. 잠을 자고자 하는 욕구가 줄어든다.

- **자존감 비대, 과대망상, 만능주의**

자신이 대단한 존재라고 생각한다. 뭐든 할 수 있다는 만능감을 느낀다.

이렇게 조증 상태에서는 자신을 과대평가하고 과잉 행동을 하기 쉬워진다. 따라서 비싼 물건을 산다거나 불특정다수와 성관계를 한다거나 위험한 투자나 도박 등 문제행동에 빠질 수도 있다.

이런 조증은 주위 사람들이 보기에는 확연히 알 수 있지만 울증과는 달리 본인이 자각하지 못하는 경우가 많기 때문에 조증인 상태에서는 본인이 어떤 상태인지를 적절하게 판단하지 못한다.

DSM-5 기준으로는 조증으로 인해 가정이나 직장, 사회활동에 문제가 생기거나 입원이 필요하거나 망상이 동반되는 경우에 '조증 에피소드'라고 하고 그런 사람은 '양극성 장애 I형'이라는 진단을 받는다.

한편 가정이나 직장, 사회생활에 지장이 있을 정도는 아니지만 평소와는 다른 조증 증상이 나타나는 경우는 '경조증 에피소드'라고 하고 병명으로는 '양극성 장애 II형'에 해당된다.

즉 I형과 II형의 차이는 조증 상태의 중증도에 있다고 생각하면 된다. 기본적으로는 I형과 II형이 모두 울증을 동반하지만, I 형에서는 울증이 거의 나타나지 않는 경우도 있다.

그런데 조증, 경조증, 울증 중 하나가 1년에 네 차례 이상 나타나는 '급속 교대형'이라는 타입도 있고, 또 조증 상태에 울증이 더해져 심한 초조함을 느끼거나 울증에 조증이 더해져 안절부절못하고 끊임없이 누군가에게 말을 걸거나 하는 '혼합상태'가 나타나는 경우도 있다.

치료법으로는

1. 밤에 잠을 깊이 자는 등 생활 리듬의 안정을 찾으려 노력할 것
2. 탄산리튬, 발프로산, 라모트리진, 비정형 항정신병약물(조현병을 비롯한 정신과 질환 치료제) 등 약물치료 요법

이 두 가지를 지속적으로 실시하는 것이 중요하다.

환청이나 망상이
나타나는 사람들
(조현병)

항정신병약물의 부작용이
생기는 사람들
(파킨슨 증후군 등)

조현병은 환각이나 망상이 나타나는 만성 질환이다. 일본의 입원환자 수 통계를 보면 3위 악성 신생물(종양), 2위 순환기 질환, 1위가 정신장애인데, 정신장애 중 약 절반 이상을 차지하는 것이 조현병 이다. 즉 조현병은 입원환자 수가 가장 많은 질환이라고 할 수 있다.

이는 별다른 계기가 없이 발병하는 경우도 있지만 스트레스가 심하면 발병 가능성이 높아진다. 일반인들은 예전 병명인 '정신분열증'이라고 부르는 사람도 있지만, 전문가들은 스키조프레니아(schizophrenia)라는 영어 병명을 줄여 '스키조'라고 부른다.

조현병은 약물 치료가 필수인데 이 약물치료로 '추체외로 증상(특정 약물복용으로 인한 뇌신경 회로의 장애)'이 나타날 수도 있다. 가장 대표적인 추체외로 증상은 '파킨슨 증후군'으로 걷기가 힘들어지는 등 움직임이 어려워지는 증상이다.

또한 '아카시지아(akathisia-좌불안석증)', '디스키니자(dyskinesia-운동 이상증)', '디스토니아(dystonia-근육긴장 이상증)' 같은 증상이 있는 경우 복용하면 가만히 있지 못하고 몸이 스스로 움직이는 등 움직임 자체가 늘어나는 증상도 나타날 수 있다.

이렇게 극히 드문 경우이기는 하나 항정신병약물을 복용함으로써 '악성 증후군'이 나타난다는 점도 알아 두는 것이 좋다.

환청과 망상이 나타나는 사람들 (조현병)

조현병은 유병률이 약 1%로 전 세계 인구 중 100명에 한 명꼴로 발병하는 질환이다. 남녀 간에 차이는 거의 없고 유전적 요소가 관계되므로 부모 중 한 명이 조현병이면 자녀가 조현병이 될 확률은 5~10% 정도로 일반인보다 높아진다.

환자의 대부분은 사춘기에서 40세 사이에 발병한다. 뚜렷한 증세가 나타나기 전단계에 기운이 없다든지 스트레스를 견디지 못하는 등의 '전조증상'이 존재하지만, 그 시점에서는 조현병으로 진단하기가 힘들다. 환각이나 망상 등 대표적인 증상이 명확하게 나타나는 '급성기'가 되어야 정식으로 조현병이라는 진단이 내려진다. 신체적으로는 도파민 분비가 늘어나지만, 일반적인 임상에서는 도파민의 양을 측정할 수 없어 증상을 토대로 진단이 이루어진다.

적절한 치료를 계속하면 급성기를 벗어나 '소모기', '회복기'로 접어든다. 하지만 약물 치료를 중단하면 쉽게 재발하기 쉽고 그때마다 상태가 악화되기 때문에 재발하지 않도록 약물로 조절하는 것이 중요하다.

조현병 환자에게 일어나는 일, 그리고 그들이 겪는 어려움

조현병에서는 환각이나 망상 같은 '양성 증상', 감정이 무덤덤해지거나(감정무딤), 의욕 상실, 자폐와 같이 활기찬 생활이 불가능한 '음성증상', 체계적으로 사고할 수 없는 '연상 이완'이 나타난다. 또 자신이 조현병이라는 사실을 이해하고 받아들이지 못하는 질병 의식의 결여가 치료하는 데 있어 문제가 되는 경우도 많다.

실질적으로 조현병은 다음의 5가지 증상 중 2가지 이상(4, 5번만 나타나는 것은 제외)이 6개월 이상 지속됐을 때 정식으로 조현병이라는 진단이 내려진다(조기 치료로 인해 6개월 이내에 증상이 사라지는 케이스도 물론 존재한다).

1. 환각

환청이나 환시 등을 뜻한다. 조현병 환자는 사람의 목소리가 들리는 환청이 많이 나타난다.

2. 망상

현실과는 다른 잘못된 확신.

3. 일관성이 없고 조리 있게 말하지 못함

생각이 정리되지 않아 체계적으로 사고하지 못하는 것을 '연상이완'이라 부른다. 이 증상이 심해지면 대화할 때 조리 있게 말하지 못해 상대방이 이해할 수 없는 상황이 된다.

4. 행동이 굼뜸

연상이완이 행동으로 나타나거나 정신운동장애(긴장병) 현상이 일어난다.

5. 음성 증상

무기력증이나 의욕 결여 등.

이러한 증상 중에서도 지각 장애로 인한 '환각'과 사고력 장애로 인한 '망상'이 자주 나타난다.

환각에 시달리는 사람들-'아무도 없는데 목소리가 들린다'

환각에는 인간의 오감에 따라 '환청', '환시', '환후', '환촉', '환미'가 있는데 조현병에서 특히 많이 나타나는 것은 환청이다. 그런데 '아무도 없는데 환청이 들린다'라는 사람도 있고, '이건 환청이 아니라 진짜 소리야!'라고 환청을 부정하는 사람도 있는 등 환자가 환청을 받아들이는 태도는 다양하다. 물론 실제 소리가 나는 것이 아니므로 귀마개를 한다고 해서 소리가 멈춰지지 않는다.

구체적으로 살펴보면 다음과 같은 '언어성 환청'이 많은 것을 알 수 있다.

- 주석 환청

'아, 물을 마시고 있구나' 등 자신이 하고 있는 일에 주석을 달아주는 목소리가 들린다.

- 대화성 환청

사람들이 대화를 나누고 있는 환청이 들리는 것

- 명령 환청

'저 모퉁이에서 우회전 해', '그 차는 마시면 안 돼'처럼 누군가가 명령하는 소리가 들리는 것

- 사고화 목소리

생각하는 것이 목소리가 되어 들리는 것

망상으로 힘들어하는 사람들. 합리적 설명도 통하지 않는다

망상의 정의는 '1. 사실과는 다르지만' '2. 근거가 부족한데도 불구하고 본인은 확신하고 있으며' '3. 합리적인 설명을 해도 생각을 바꾸지 않는다'는 것이다. 실례를 들어보면 다음과 같은 것인데, 제3자가 아무리 합리적으로 '그게 아니라고' 해도 받아들이지 않는다.

- 피해 망상

누군가가 나를 노리고 있다, 혹은 누군가가 나를 해칠 것 같다, 누가 나를 괴롭히고 있다고 믿는 것

- 관계 망상

주변의 어떤 상황을 자신과 연관 지어 생각하는 것. 예를 들면 그저 대화를 나누고 있는 사람들을 보고 '또 내 험담을 하고 있나 보다'라고 생각한다.

- 관찰 망상

주변 사람들이 자신을 쳐다본다고 생각하고 '자꾸 절 감시하고 노려봐요'라고 호소한다

- 추적 망상

자신이 가는 곳마다 누군가에 쫓기고 있다고 생각한다

- 독극물 망상

누군가가 음식에 독을 집어넣었다고 생각한다

- 빙의 망상

자신에게 다른 영혼이 옮겨 붙었다고 생각한다

- 연애 망상

유명인이 자신을 사랑한다고 굳게 믿는다

이런 망상 외에 누군가가 자신의 생각을 통제하고 있다고 느끼는 경우도 있다. 예를 들어 '내가 왜 이런 생각을 했지? 누가 텔레파시로 내 생각을 조정했나? (사고 주입)', '분명히 생각했었는데 기억이 안 나네. 누가 내 기억을 쏙 빼 간 게 틀림없어(사고 탈취)', '내 생각이 남들한테 다 전달되고 있

어(사고 전파)' 같은 것이다.

조현병 치료를 위해서는 도파민을 적절히 차단하는 항정신병약물이 필수적이다. 약물 치료는 증상이 좋아진 후에도 계속해야 하며 약을 중단하면 재발하기 쉽고 재발이 거듭될수록 증상은 악화된다. 약을 얼마나 오래 잘 복용하느냐에 따라 그 후의 환자의 인생이 바뀌기도 한다

조현병 환자에게 나타날 수 있는 특징적 행동

카타토니아(catatonia)라고도 불리는 긴장병은 특수한 정신 질환 중 하나로, 일반적으로 '사람들 앞에 서면 긴장하게 된다'라는 식으로 쓰이는 '긴장'과는 전혀 다른 개념인데 조현병 환자에게서 다음과 같은 긴장증의 특징적인 행동이 나타나기도 한다.

- 얼굴을 찡그리고 있다.
- 손, 발에 힘이 들어가 있고 긴장을 풀려 해도 잘 풀어지지 않는다.
- 행동이 부자연스럽고 과장되어 있다. (예: 걸음걸이가 부자연스러운 것)
- 누가 자세를 잡아주면 한동안 그대로 움직이지 않는다.
- 스스로 취한 이상한 자세를 그 상태로 움직이지 않는다.
- '요즘 어때요?'라는 질문에 그대로 '요즘 어때요?'라고 대답한다. 즉, 상대방의 말을 앵무새처럼 따라 한다.
- 상대방의 행동을 똑같이 반복한다
- 발만 동동 구르는 등 똑같은 행동을 되풀이한다.

• 말과 행동이 전혀 없는 혼미한 상태에 빠지거나 이유 없이 흥분하는 등 간질 발작 증상을 보인다.
• 좋고 싫고를 떠나 모든 것을 거부한다.

항정신병약물의 부작용이 나타나는 사람들 (파킨슨 증후군)

'파킨슨병'은 국가 지정 난치병 중 하나로 뇌의 도파민 이상이 원인이다. 동작이 굼뜨고, 손발이 떨리고, 근육이 경직되는 증상, 그리고 자세 반사장애(몸의 자세와 균형을 유지하는 능력 저하) 등의 신체적인 증상이 나타난다. 그런데 꼭 파킨슨병이 아니더라도 이런 비슷한 증상이 나타나는 질환을 통틀어 '파킨슨병' 또는 '파킨슨 증후군'이라고 부른다. 파킨슨 증후군은 정신병적인 증상이 아니라 신체적인 증상이지만 정신의료의 현장에서 처방되는 항정신병약물의 복용에 의해 나타나기도 하므로, 정신의학을 공부하는 데 있어 꼭 알아두어야 할 사항이다.

파킨슨 증후군의 증상은?

파킨슨 증후군은 '관절을 구부리기 힘들어 톱니바퀴 돌 듯 한 칸씩 움직이는 모양의 뻣뻣함'이나 '납 파이프를 구부리는 것 같은 강직함 등 전신의 근육이 경직되는 현상이 나타난다. 이 증상이 심해지면 의료진들이 환자의 팔이나 다리를 구부리려고 해도 환자가 힘을 빼지 못해 겨우겨우 천천히 구부려지거나 강한 저항감을 느끼게 한다.

'진전'이라 불리는 손발의 떨림 현상도 전형적인 증상 중 하나이다. 또 '가면 얼굴'이라 불리는 현상 때문에 표정도 굳고 무표정해 보이기도 한다.

걷는 자세도 특징적인데 앞으로 구부정한 자세로 팔을 많이 흔들지 않으면서 천천히 작은 보폭으로 걷는다.

또 균형감각을 유지하는 반사신경이 약해지는 자세반사 장애로 인해 잘 넘어지기 쉽고, 걷다가 갑자기 자세가 무너지며 앞으로 꼬꾸라질 것처럼 돌진하는 현상이 나타나기도 한다.

침을 잘 삼키지 못해 입 안에 침이 고이거나 심해지면 침을 흘리기도 한다. 또 음식물을 삼키는 근육에 강직이 일어나면 음식을 잘 삼키지 못하는 삼킴 장애도 일어난다. 이 때문에 음식물이 목에 걸려 사레가 들리거나 흡인성(오연성) 폐렴이 생기기도 하고 잘못하면 질식이 일어날 위험도 있다.

이 모든 경우에 있어 몸이 맘대로 움직이지 않기 때문에 동작이 상당히 굼뜨게 된다.

약물의 영향으로 발생할 수 있는 악성 증후군

매우 드문 경우이기는 하나 조현병이나 양극성 장애에 사용하는 항정신병약물의 부작용으로 악성 증후군이 나타나기도 한다. 악성 증후군의 증상으로는 주로 근육의 강직을 들 수 있다.

다음의 증상 중 대증상 세 가지가 모두 나타나거나, 대증상 두 가지와 소증상 네 가지 이상이 나타나면 악성 증후군으로 진단된다.

[대증상]

- 발열
- 근육 강직
- 혈청 '크레아틴 키나제' 수치 증가(근육 손상 의심)

[소증상]

- 빈맥(맥박이 빠름)
- 혈압 이상
- 과다호흡
- 발한 과다(다한증 또는 땀 과다증)
- 백혈구 증가
- 의식의 변화가 일어남

근육의 강직이 일어나면 근육이 급격히 수축하고 몸에서 열을 내며 고열이 나타나게 된다. 이 상태가 계속되면 인체의 아미노산 균형이 깨지고 이것이 뇌에 영향을 미쳐 자율신경이 흐트러지며 고열과 발한, 의식 장애를 일으킨다.

또 근육 자체가 망가지게 되면 혈액이나 소변의 미오글로빈, 혈청 크레아틴 키나제 수치가 올라가고 신장 기능에 이상을 불러와 급성 신부전증이 생길 가능성도 있다.

위의 사항들은 매우 드물게 일어나는 현상이기는 하나 환자의 생명에 지장을 줄 수도 있는 위중한 사항이므로 임상 현장에서 일하는 의료 관계자들은 필수적으로 알아야 하는 지식이다.

다양한 추체외로 증상

몸 움직임이 줄어드는 파킨슨 증후군과는 반대로 움직임이 증가하는 추체외로 증상도 있다.

- 좌불안석증

다리가 근질거려 가만히 있지 못하고 계속 움직이거나 가만히 앉아 있지 못하고 계속 돌아다닌다.

- 운동 이상증(디스키네시아 dyskinesia)

불수의 운동(자신의 의사와는 상관없이 일어나는 운동-편집자 주)이 지속적으로 반복된다. 전신 혹은 사지에 나타나기도 하나 주로 입이나 혀 등 안면 주위에 많이 나타난다. 이 중 입의 움직임이 멈추지 않는 것을 '오랄 디스키네시아'라고 부르는데, 입에 아무것도 없는데도 마치 음식물이 입 안에 있는 것처럼 입을 우물우물한다.

- 근긴장 이상증(디스토니아 dystonia)

근육이 저절로 수축되고 그 상태가 지속된다. 예를 들어 목이나 몸통이 뒤틀린 채로 굳어져 한동안 그 자세에서 벗어나지 못한다. 안구가 계속 위로 향해 있는 '안구 상전'이나 몸이 비스듬히 기울어져 있는 '피사 증후군'도 있다.

아무 이유 없이 갑자기
공황 발작이 반복적으로
나타나는 사람들 (공황장애)

사람을 대할 때 너무 긴장하는 것
때문에 힘들어하는
사람들 (사회불안장애)

계속 신경이 쓰여
무언가를 꼭 해야만
하는 사람들 (강박증)

강한 과거의 스트레스를
안고 살아가는 사람들
(스트레스 관련 장애)

정신질환에는 '불안 장애'라는 카테고리가 있는데, 불안하고 초조해 어쩔 줄 몰라 하는 장애로 취급되며, 갑작스러운 공황(패닉)발작을 일으키는 '공황장애', 타인을 대할 때 극도의 긴장을 동반하는 '사회불안장애' 등이 있다. 비슷한 카테고리로는 손을 씻는 등의 행동을 반복하는 '강박증', 강한 트라우마로 괴로워하는 '외상 후 스트레스 장애' 등이 있다.

아무 이유 없이 갑자기 공황 발작이 반복적으로 나타나는 사람들 (공황장애)

영어로는 'panic disorder'이고 일반적으로 공황장애라 불리며 공황 발작(패닉 발작)을 반복하는 질환이다.
공황장애의 공황 발작은 아무 이유가 없이 일어나기 때문에 언제 어디서 발작이 일어날지 모른다는 점이 불안해 외출을 하지 못하는 등 정상적인 일상생활이 불가능해진다. 인파가 많은 곳을 두려워하는 광장 공포증이 동반되는 경우도 많다.
성인의 경우 어떤 위협에 노출되거나 인간관계나 건강상의 문제에 불안을 느끼는 것이 계기가 될 수 있고, 어린아이의 경우 학대나 이별과 같은 경험이 공황장애의 계기가 될 수 있다는 주장도 있다. 하지만 공황장애는 심인성보다는 뇌의 기능 이상, 즉 대뇌변연계, 그중에서도 편도체의 이상이 원인이라고 보는 것이 맞다. 실제로 공황장애 환자에게 이산화탄소가 많이 함유된 공기를 마시게 하거나 다량의 카페인을 섭취하게 하면 공황 발작을 일으킬 확률이 높아진다. 이것은 뇌에서 이산화탄소나 카페인을 감지하는 부분이 과민해지기 때문이다.

공황 발작이란?

공황장애인 사람이 겪는 공황 발작이란 말 그대로 '패닉 상태'인데, 그냥 정신이 없거나 혼란스러운 상태와는 전혀 다른 것이다.

정신의학적으로는 강한 불안감의 상승과 함께 다음 13개의 증상 중 4개 이상이 확인되면 공황 발작이라고 정의한다.

1. 숨이 막히거나 숨이 잘 쉬어지지 않음
2. 기도가 막힌 것 같은 질식감
3. 심장 증상(두근거림, 심박수 증가)
4. 흉부 증상(가슴 부위의 통증이나 불쾌감)
5. 복부 증상(구토감이나 불쾌감)
6. 발한(식은 땀이나 끈적하게 배어 나오는 진땀)
7. 떨림이나 진전(tremor)
8. 어지러움, 현기증, 정신이 아득해지는 것
9. 몸에 열이 확 오르거나 갑자기 한기가 느껴지는 것
10. 감각 마비, 쑤심 등의 이상한 감각
11. 비현실적 이인감(유체 이탈한 것처럼 몸과 정신이 분리되는 감각)
12. 자기 자신을 통제할 수 없어 미칠 것 같은 공포
13. 죽음에 대한 공포(이대로 죽는 것이 아닐까 하는 느낌)

이 중에서 특히 많이 나타나는 것이 호흡곤란과 두근거림, 죽음에 대한 공포다. 실제로 이런 증상들이 존재한다고 생각해 구급차를 부르기도 한

호흡곤란, 숨 가쁨

심장 증상

두근거림, 심박수 증가

죽음에 대한 공포

다. 또 발작이 일어나는 것이 두려워 '또 발작이 일어나면 어쩌지?' 하고 미리 그럴만한 상황을 피하기도 한다. 하지만 피하면 피할수록 불안감은 더 강해진다.

공황장애에 사용되는 약은 SSRI('선택적 세로토닌 재흡수 억제제'로 일종의 항우울제)와 항불안제이다. 상담 요법으로는 인지행동 요법이 이루어진다.

만약 실제로 공황 발작이 일어나면 할 수 있는 일은 거의 없다. 그저 발작이 멈추기를 기다릴 뿐이다. 실제로 갑자기 일어난 공황 발작 증상은 몇 분 이내에 피크를 맞이하고 대개는 20~30분, 길어도 1시간이면 증상이 가벼워진다.

참고로 공황 발작 자체는 꼭 공황장애가 아니더라도 일어날 수 있다. 예를 들어 사회 불안장애가 있는 사람이 남들 앞에서 스피치를 해야 할 때라든지 거미를 무서워하는 사람의 눈앞에 거미가 나타났을 때, 충분히 공황 발작을 일으킬 수 있는 것이다. 그래서 전 세계 인구의 약 4%에 해당하는 사람들이 살면서 한 번 이상 공황발작을 경험한다는 통계도 있다.

공황장애 환자에게도 나타나는 광장 공포증

'광장 공포증'은 공황장애와 동반되는 경우가 많다. 의학적으로는 다음 5

바로 빠져나올 수 없는
폐쇄 공간
무슨 일이 일어나도 도망칠 수 없다?

인파 속이나
길게 줄 서 있는 곳
무슨 일이 일어나도
빠져 나올 수 없다?

가지 상황 중 2가지 이상에 대해 심각한 불안감을 느끼는 경우에 광장 공포증이라고 진단을 내린다.

1. 당장 벗어날 수 없는 폐쇄 공간

영화관, 케이블카, MRI 검사장치 등

2. 인파 속이나 줄을 길게 늘어서 있는 곳

축제 현장이나 신제품 출시 행렬 등 사람들이 많이 모여있는 자리에서는 당장 빠져나갈 수 없다.

3. 대중교통

지하철역이나 버스 정류장 등 정해진 곳에서만 내릴 수 있을 때

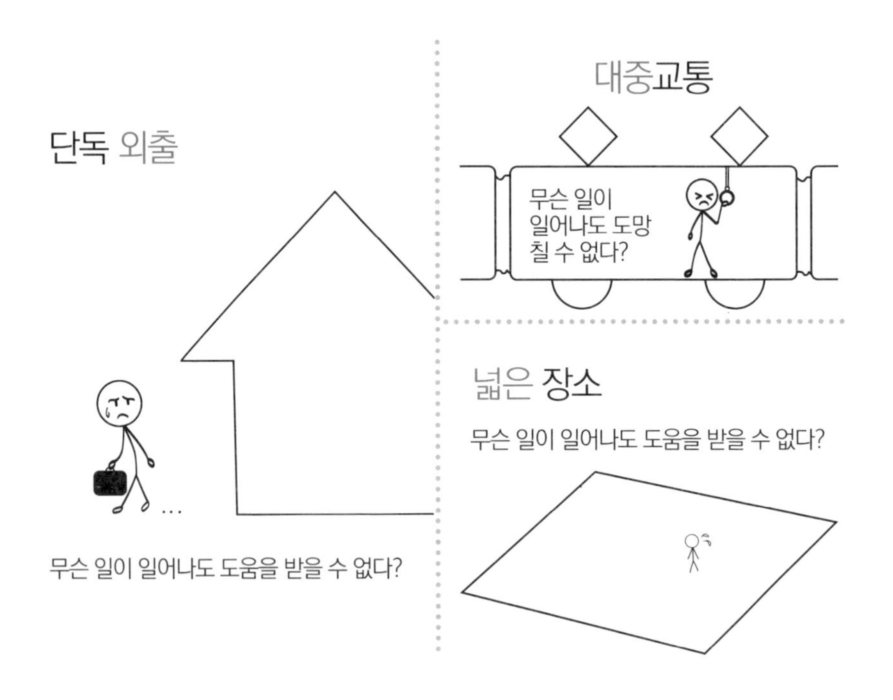

4. 넓은 장소

너무 넓은 곳에서는 무슨 일이 일어나도 바로 도움을 받지 못하거나, 그 곳을 벗어나는 데 시간이 걸린다

5. 단독 외출

혼자 다니다가 무슨 일이 있으면 바로 도움을 받을 수 없다

위 요소를 보면 알 수 있듯이 광장 공포증이라는 명칭은 그리 적절한 것은 아니다. 광장 공포증을 영어로는 '아고라 포비아(agoraphobia)'라고 하는데, 아고라는 시장을 의미하고, 사람이 많이 모인 곳이라는 의미가 그 본질이므로 그런 곳에서 공포를 느낀다면 그것이 광장 공포증이라는 것이다.

사람을 대할 때 너무 긴장해서 힘들어하는 사람들 (사회불안장애)

'사회불안장애'는 사회공포증, 대인공포증 등의 명칭으로 불리기도 한다. 사람을 대하는 여러 장면에서 필요 이상으로 긴장을 많이 하고, 그 때문에 얼굴이 붉어지거나 땀을 많이 흘리는 등의 신체 증상으로 나타나는 질환이다. 이런 증상 때문에 대인관계를 기피하려는 경향이 있고 사회생활에 불편을 초래하기도 한다.

원인은 인간이 원래 가지고 있는 생물학적인 본능으로 인해 위험을 감지하고 뇌의 편도체가 과도하게 활성화되어 자율신경에 이상을 초래하기 때문이다. 주로 세로토닌이라는 신경 전달물질이 관여한다.

대개는 소아기나 사춘기에 증상이 처음 나타난 후 만성적인 경과를 거치게 된다. 유전적 요인이 존재하며 가족이나 친척 중에 환자가 있으면 발병률이 4~5배 증가한다.

미국에서는 유병률이 약 10% 정도라는 보고가 있으나 일본에서는 3% 정도이다. (*참고로 한국은 2021년 국립정신건강센터에서 5년마다 진행되는 정신질환 실태조사에서 불안장애의 평생 유병률은 9.3%다 - 편집자 주) 하지만 두 나라의 국민적 기질을 생각했을 때 일본의 숫자는 너무 적은 것으로 여겨지며 실제로는 더 많은 환자가 있을 것으로 추정된다.

이런 상황에서 지나치게 긴장한다

사회불안장애는 공황장애와 같은 다른 불안장애를 동반하는 경우가 많다. 특히 대인관계에서의

긴장이 공황 발작을 일으킬 수도 있다. 공황 발작은 생물학적 생명의 위기를 느끼는 반면, 사회불안장애는 사회적 생명의 위기를 느낀다는 점에서 유사하다고 할 수 있다.

사람마다 불안을 느끼는 상황은 다르지만 구체적인 상황을 살펴보면 다음과 같은 장면에서 지나치게 긴장하게 되는 경향이 있다.

- 스피치(연설 등)를 해야 할 때

가장 대표적인 것이다. 사회불안장애인에게 스피치는 엄청난 공포감을 준다.

- 가벼운 대화(small talk)

가벼운 대화조차도 긴장하게 된다

- 잘 알지 못하는 사람과 만나는 것

영업직이나 고객을 응대해야 하는 직업은 매우 어렵게 된다

- 남에게 말을 걸 때

남에게 먼저 말을 걸어야 할 때 매우 큰 용기가 필요하다

- 무언가 먹고 마시는 모습을 누군가 본다고 느낄 때

타인과 함께 식사하는 것을 싫어한다

- 글씨를 쓰고 있을 때 누가 보는 것

주민센터 같은 곳에서 제출할 서류를 쓰고 있을 때 손이 떨리는 '서경증

(書痙症)'이라는 증상이 나타나는 사람도 있다. 남 앞에서 스마트폰을 조작할 때 긴장하는 사람도 있을 수 있다.

- 남 앞에서 전화를 걸 때

  누가 듣고 있다고 생각하면 상당히 긴장하게 된다

- 주변에 누가 있으면 볼일을 보지 못한다

  학교나 직장의 화장실에서 밖에 누가 있는 것만으로도 대소변을 보지 못한다

남과 마주하는 상황에서 신체적 반응

남의 주목을 받으면 긴장해서 얼굴이 빨개지거나 땀을 흘린다

이렇게 극도로 긴장하게 되는 배경에는 여러 가지를 두려워하는 마음이 존재한다.

'누군가가 나를 쳐다보면 어쩌지?'

'땀이 나거나 얼굴이 빨개지거나 말을 더듬으면 어쩌지?'

'창피한 상황이 닥치면 어쩌지?'

'누가 나에게 틀렸다고 하거나 바보 취급하면 어쩌지?'

'남한테 폐를 끼치거나 불쾌감을 주면 어쩌지?'

이런 식으로 주변 사람들은 아무도 신경 쓰지 않는 것을 혼자만 걱정하며 남과 마주하는 상황에서 얼굴이 빨개지거나, 반대로 얼굴이 창백해지거나 땀이 나고 손이 떨리고 몸이 긴장하게 되고 가슴이 두근거리는 등 신체적인 반응이 나타난다. 또 이런 증상 때문에 더 긴장하게 되고 나 자신이 한심해지고 남과 마주하는 상황을 피하게 된다.

이런 경우에는 SSRI(항우울제)를 복용하거나 대인관계 상황에 익숙해지는 인지행동요법으로 치료가 가능하다.

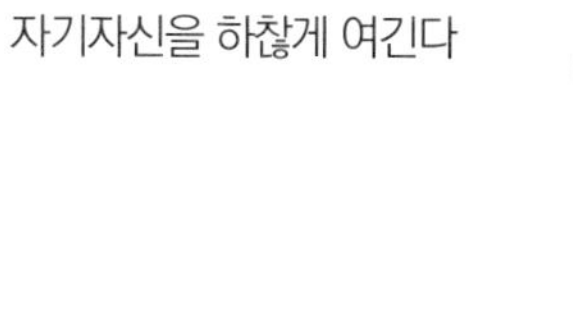

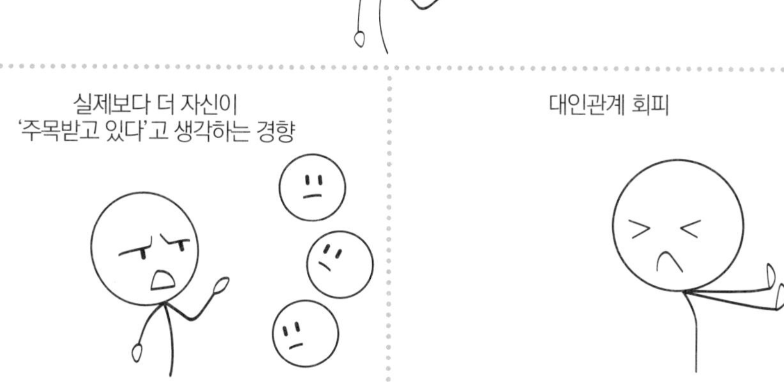

여러 가지 불안장애

- 일반적 불안장애

무슨 일이든 상관없이 모든 일에 대해 항상 극도로 불안해하는 상태가 계속된다.

- 특정 공포증

흔히 '~공포증'이라고 불리는 것. 공포의 대상은 사람에 따라 다르지만 동물(곤충이나 개 등), 자연환경(높은 곳, 번개, 물 등), 상황(폐쇄된 공간, 엘리베이터 등)처럼 특정 대상에 대해 강한 공포감을 느낀다.

- 선택적 함구증

어떤 특정한 상황이 되면 말을 하지 못한다. 주로 어린아이에게 많이 나타나지만, 어른에게 나타나기도 한다.

- 분리불안증/분리불안장애

부모 등 보호자와 떨어져 있는 것에 과도한 불안감을 느낀다. 보호자와의 관계에 있어 다음 감정 중 3개 이상이 나타나면 분리불안증이라고 진단이 내려진다.

1. (보호자로부터) 분리되는 것이 불안하고 싫다
2. (보호자가) 어디로 가버릴까 봐 두렵다
3. 누군가가 자신을 데려가 버릴까 봐 두렵다

4. 불안해서 외출하고 싶지 않다

5. 혼자 있는 것이 싫다

6. 혼자 자는 것이 싫다

7. 무서운 꿈을 꾼다

8. 불안해서 머리나 배가 아프다. 토할 것 같다

계속 신경이 쓰여 무언가를 꼭 해야만 하는 사람들 (강박증)

'강박증'은 강박장애, 강박신경증 등으로도 불리며, 특정한 일이 계속 신경 쓰여 이를 인지하면서도 행동을 멈추지 못하는 질환이다.

알면서도 계속 신경이 쓰이는 '강박사고', 알면서도 계속해야만 하는 '강박행동'이 나타난다.

강박증의 대상 분야로는 '오염(세척)', '보관', '대칭성(정돈)', '확인 금단증'이 있는데, 대표적인 것이 손 같은 신체 부위가 더러운 것이 아닌지 신경이 쓰여 계속 씻게 되는 '세척 강박증'과 가스레인지를 껐는지, 열쇠를 잠갔는지 계속해서 확인하는 '확인 강박증'이 있다.

강박증 환자 중 대부분은 그 행동이 불합리하다는 것을 자각하고 있고 그 행동을 하지 않아도 괜찮다는 것을 본인도 알고 있는데, 이 점이 망상과는 다른 점이다.

이런 것들이 신경 쓰인다

강박증 환자를 괴롭히는 증상은 사람마다 다르지만, 구체적으로 소개하면 주로 다음과 같은 것들이 있다.

- 자기 몸에 세균이나 유해 물질이 붙어있는 게 아닐까 걱정되는 사람도 있고, 자신의 더러움이 주변으로 퍼져나가는 것이 아닐까 신경이 쓰여 어쩔 줄 몰라 하는 사람도 있다. 따라서 손 씻기나 입욕, 소독 등을 자주 오랫동안 하거나 오염물질이 퍼지지 않도록 집 안에 구획을 그어 극히 한정된 공간에서만 생활하기도 한다.
- '언젠가 쓸지도 모른다'는 생각에 물건을 버리지 못한다. 분명히 필요 없는 물건인데도 버리지 못하고 쌓아둔다.
- 뭐든지 똑바로 정돈해야 한다든지 좌우대칭이 아니면 안 된다든지 정해진 순서대로 해야 하는 등 합리적이지 못한 규칙을 자신과 주변 사람이 꼭 지키도록 한다.
- 불길하다고 여겨지는 특정 숫자를 피하거나 자신이 좋아하는 특정 숫자에 집착한다.
- 길을 갈 때 꼭 정해진 코스대로 가거나 무슨 일을 할 때 꼭 정해진 순서를 지켜야 하는 등 일정한 규칙이나 의식에 집착한다.
- 안 좋은 생각이나 성적인 생각이 머리에 떠오르면 대단히 나쁜 짓을 한 것으로 여겨져 그 생각을 하지 않으려고 노력하거나 반대되는 개념의 좋은 의미의 단어를 계속 되뇌거나 한다.
- 자신이 누군가에게 피해를 주게 되는 것이 아닐까 두려워한다. 혹시

잘못해서 누굴 때리지 않을까, 잘못해서 이성의 몸을 만지게 되지 않을까, 잘못해서 지하철역의 홈에서 누구를 밀쳐 그 사람이 선로로 떨어뜨리지 않을까, 누군가를 차로 치지 않을까 등등의 상황을 비현실적일 정도로 두려워한다. 또 자신도 모르는 사이에 그런 일이 이미 일어나지 않았을까 걱정하기도 한다.

- 문을 안 잠그고 나온 게 아닐까 걱정되어 몇 번이고 확인한다. 외출하기 전에 확인하는 데 많은 시간을 빼앗기거나 일단 집에서 나왔다가도 다시 돌아가 확인한다.
- 가스 밸브를 잠갔는지, 전열기구의 누전이 있지는 않은지 등 가스레인지나 전기 콘센트를 계속해서 확인한다.
- 중요한 물건을 버린 게 아닌지 걱정이 돼 쓰레기통을 뒤져 확인한다.

강박장애를 치료하려면 '선택적 세로토닌 재흡수 억제제(SSRI)'와 같은 향정신성약물을 복용하거나 인지행동요법인 지속적 '노출 치료'를 실시한다.

여기서는 수시로 손을 씻지 않으면 안 되는 세척 강박을 예로 들어 설명해 보자. 더러움에 대한 불안을 손을 씻음으로써 없애려는 행위, 즉 '씻어야 마음이 놓인다'는 것이므로 바꿔 말하면 '씻지 않으면 불안'을 가져와 강박증은 더욱 악화된다는 뜻이다.

따라서 '더러운 것에 대한 불안감'을 씻지 않고 기다림으로써 시간이 지날수록 불안감이 줄어드는 경험을 반복적으로 학습시켜, 손을 씻지 않아도 괜찮게 되도록 하는 것이 노출 치료인 것이다.

불안
씻으면 안심
씻지 않으면
불안

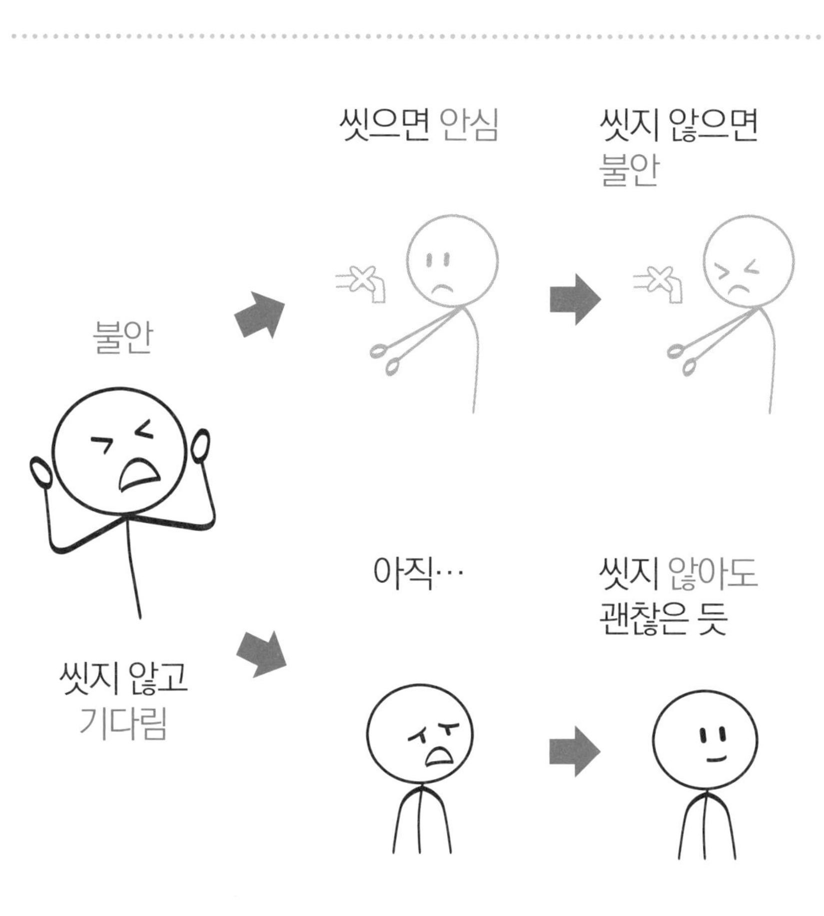
씻으면 안심
씻지 않으면
불안
불안
아직…
씻지 않아도
괜찮은 듯
씻지 않고
기다림

강한 과거의 스트레스를 안고 살아가는 사람들 (스트레스 관련 장애)

어떤 일이 스트레스로의 원인이 되어 몸이 안 좋아지는(불면증에 빠지는) '적응장애', 신체적 위험에 처할 정도로 강한 스트레스 후에 생기는 '급성 스트레스 장애'와 '외상 후 스트레스 장애'가 여기 포함된다.
이 중에서 가장 심각한 것이 외상 후 스트레스 장애인데, 영어 약자로 PTSD(post-traumatic stress disorder)라 불린다. 죽음에 이를 정도로 위험한 일을 겪었다거나 큰 부상을 당할 뻔 했다거나 성폭력을 당하거나 혹은 이런 장면을 목격했을 때 그것이 트라우마가 되어 장기간에 걸쳐 여러 가지 장애를 겪게 되는 것이다.
전쟁, 신체적 폭력이나 위협(학대 포함), 성폭력이나 성적인 위협(학대 포함), 유괴, 납치, 인질, 포로, 테러, 고문, 천재지변이나 인위적 재해, 자동차 사고 등이 원인이 된다. 남성의 경우 전쟁, 여성의 경우 성폭력이 가장 큰 원인으로 꼽히고 있다.

여러 가지 스트레스 관련 장애

스트레스 관련 장애 중 적응장애는 새로운 환경에 적응하지 못하는 등의 이유로 발생하는 경우가 많으며 비교적 흔히 접하는 장애이다. 스트레스에 의해 우울증, 불안, 행동장애 등 정서적, 행동적 측면에 어떤 증상이 나타나지만, 그것으로 인해 기분장애나 불안장애와 같은 다른 정신장애에는 해당되지 않을 때 적응장애라는 진단이 내려진다.

한편 신체적인 위협을 느끼는 강한 스트레스를 받았을 때 일어나는 여러 가지 안 좋은 상태는 일단 급성 스트레스 장애로 분류된다. 이 단계에서는 원칙적으로 약물 치료는 이루어지지 않는다.

그러고 나서 중대한 트라우마의 원인이 된 사건으로부터 한 달이 지나도 계속 증상이 지속되면 외상 후 스트레스 장애(PTSD)라고 진단이 내려지는데, PTSD 진단을 받은 환자 중 약 50%는 2~3달 후에 정상으로 돌아오지만, 1/3 정도는 증상이 지속된다.

참고로 외상 후 스트레스 장애 환자는 알코올 같은 약물에 의존하는 물질 사용 장애가 될 확률이 일반인의 2~3배 정도 높다.

PTSD 환자가 힘들어하는 것들

PTSD 환자를 괴롭히는 증상으로는 주로 다음과 같은 것들이 있다.

• 반복적, 침습적인 기억

괴로웠던 사건의 기억이 강렬하게 되살아나며 때로는 과거에 일어났던 사건을 현재 일어나고 있는 것처럼 체험한다. 플래시백(flash back-회상)이라고 불리는 현상이다. 계속해서 악몽을 꾸는 사람도 있다.

• 회피행동

트라우마의 원인이 되는 사건에 관계되는 것들을 회피하려고 한다. '그 얘기는 하지 마', '그곳에는 가고 싶지 않아', '그 차는 타기 싫어', '그 사람이랑 닮아서 만나기 싫어' 등 싫은 기억을 떠올리게 하는 물건이나 사람, 장소를 피하며 생활하게 된다.

• 부정적 인지

인지와 감정이 부정적으로 바뀌며 '또 같은 일을 당하는 것이 아닐까', '나는 계속 위험한 일을 당하는 것이 아닐까'와 같은 생각을 하게 되고 가족이나 친구조차 믿지 못한다. 또 자신이 피해자임에도 불구하고 '내가 잘못해서 그렇다'라고 생각하는 경우도 있다.

• 과민성, 불안과 흥분

주위 사람들에게 쉽게 화를 내고 짜증을 부리는 과민성, 자기 자신에게 분노하는 자기파괴, 강한 경계심이나 놀람 반응을 보이는 경보시스템의 이상, 집중력 저하, 불면증 등이 생긴다.

억지로 도와주지 말 것

트라우마로 힘들어하는 사람을 대할 때 중요한 것은 억지로 도와주려고 하지 않는 것이다. 주변 사람들에게 다음과 같은 인식이 필요하다.

• '너 자신에게 문제가 있어서 일어난 일이 아니라 누구에게나 일어날

PTSD에 의해 일어나는 과민성

수 있는 일'이라는 얘기를 해 줘야 한다. 실제로 경찰이나 소방관은 정신력이 강한 사람들인데도 트라우마로 괴로워하는 경우가 많다.

- 고민을 들어 줄 사람이 있다면 말하는 것은 의미 있는 일이다. 하지만 '아무나 무조건 얘기를 하라'는 것은 아니다. 억지로 얘기를 하라고 하지 말고 '네가 얘기할 마음이 생기면 언제든 들어줄게' 하는 식의 정도

가 이상적인 자세이다.

- 기분 전환으로 문제가 해결되는 수준이 아니므로 본인이 기분 전환을 하기 원한다면 모를까, 주위 사람들이 자꾸 '기분 전환해야지'라고 말하지 않도록 조심한다.
- 잊어버리라고 한다고 잊히는 것이 아니다. 환자 본인은 잊고 싶어도 절대 잊을 수가 없으므로 그 기억을 안고 있는 상태에서도 살아갈 수 있도록 주변에서 도와줄 필요가 있다.
- 환자의 얘기를 들으면서 가치판단을 강요하면 안 된다. '그렇게 생각하면 안 돼', '그래도 목숨을 건진 게 어디야' 같은 얘기는 해서는 안 된다.

사회적인 인프라가 다 파괴될 정도로 피해가 큰 지진 피해 지역의 대피 시설에서 '상담사 출입금지'이라고 써 붙인 대피소가 있어 화제가 된 적이 있다. 분명 도움이 필요할 텐데 도움을 거절한다는 것은 억지로 도움을 받으라고 강요하며 지진 피해로 상처 입은 마음을 짓밟은 행위가 있었다는 의미일 것이다. 강요하지 말고 당사자들의 마음을 헤아려 있는 그대로 받아들이는 것이 바람직하다.

참고로 재난 지역으로 자원봉사를 가는 사람들이 알아 두어야 할 심리적 지원 매뉴얼로 '심리 응급처치(PFA)'라는 것이 있으니 참고로 삼아야 할 것이다.

'외상 후 스트레스 장애'에 대한 약물 치료에는 주로 'SSRI(선택적 세로토닌 재흡수 차단제)'가 주로 이용된다.

심리적 치료에는 인지행동치료 외에 안구를 움직이며 당시의 상황을 기억해 내는 EMDR(안구운동과 감각자극을 이용한 재처리 요법)이나 당시의 상황을 얘기하는 것을 녹음해 반복 청취하며 조금씩 적응해 가는 '지속 노출요법' 등 다양한 전문적 치료가 이루어지고 있다.

신체증상과 관련된 증후군
이상이 없는 데도 신체적인 문제에
계속 집착하는 사람들
(신체증상장애)

자신이 병에 걸린 게 아닐까
불안한 사람들
(질병 불안장애)

심리적 영향으로 몸이 나빠진 사람들
(심신증)

스트레스가 신체증상으로
나타나는 사람들
(전환장애)

병이 아닌데도 계속 병이라고
주장하는 사람들
(인위성 장애 , 꾀병)

정신질환 중에는 의학적 원인이 명확하지 않은 신체적 증상을 강하게 호소하는 케이스가 있다.
이른바 '부정 불안 증상'과 마찬가지로 환자를 진료하는 입장에서는 '특별히 별문제가 없다'고 말하는 수밖에 없지만 환자 본인은 그 증상이 매우 신경 쓰인다.
결과적으로 병원을 여러 군데 전전하는 의료 쇼핑이 되는 경우도 많다.

이상이 없는데도 몸에 계속 신경 쓰는 사람들 (신체증상 장애)

신체증상 장애는 특별히 어디에 이상이 있는 것이 아닌데도 신체적 증상이 나타나서 환자가 계속 그 증상으로 인해 불편해하고 과도하게 고통을 호소하게 된다.

예전에는 심기증이나 심기 신경증이라는 이름으로 불리기도 했다.

신체증상 장애에서는 신체적 변화에 의식을 집중시키면 그 증상이 더욱 증폭될 수 있다. 신체 증상을 신경 쓰다 보면 증상이 더 증폭되고, 그러다 보면 더 신경이 쓰이고…… 하는 식으로 악순환에 빠지게 된다.

신체증상 장애 중에서도 특히 통증을 호소하는 것을 만성 통증 혹은 통증성 장애라고 하는데 통증이지만 항우울제가 효과적일 수 있다.

전반적으로 신체증상 장애에는 의료 관계자의 공감과 같은 심리적 요소와 적절한 항우울제 투여 등이 이루어진다.

환자 본인은 '통증으로 외출을 못 한다'며 신체 증상을 이유로 활동을 자제하는 경향이 있는데, 이것이 또다시 신체 증상만을 의식하는 결과를 초래하게 된다.

그러다 보면 환자는 증상을 없애려고 하는 것이 아니라 증상을 가진 채로 더 나은 삶을 살려는 '창조적 절망'을 지향하게 된다.

의료 관계자들은 환자가 딱히 문제가 없는데 증상을 호소하면 그 환자에게 부정적, 혹은 거부하는 반응을 보이기 쉽다. 하지만 그렇게 함으로써 환자와 의료 관계자 사이에 신뢰 관계를 구축할 수 없게 되면 환자의 신체 증상은 더 악화될 가능성도 있는 것이다. 오히려 아무리 검사를 해도 원인을 찾지 못해 치료조차 받지 못하는 것에 대한 환자 본인의 불만과 분노에 공감해 주는 것이 훨씬 도움이 될 수 있다.

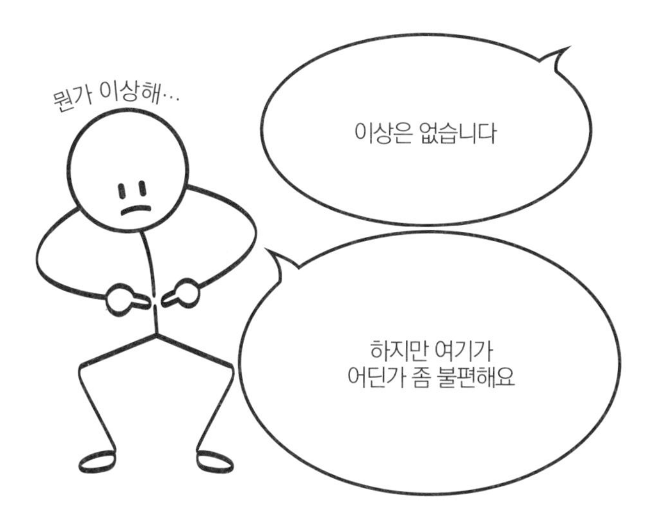

이상이 없거나 혹은 아주 경미한 이상만 있는데도 몸에 계속 신경을 쓰는 것

자신이 병에 걸린 게 아닐까 불안한 사람들 (질병 불안장애)

질병 불안장애는 '병에 걸리면 어쩌나'하고 필요 이상으로 두려워하는 것이다. 두 가지 타입이 있는데, 하나는 병을 알게 되는 것이 두려워 병원이나 검사를 꺼리는 타입이고, 또 하나는 불안한 마음에 자주 의료기관을 찾아 검사를 하는 타입이다. 두 가지 타입 모두 병에 걸리는 것을 극도로 불안해 한다는 것은 공통된 점이다.

치료법으로는 '선택적 세로토닌 재흡수 억제제(SSRI)' 등 항우울제를 처방한다.

심적 영향으로 몸이 안 좋아진 사람들 (심신증)

심신증은 신체 질환이지만 마음의 영향으로 시작되거나 악화되는 질환을 말한다.

대표적인 것으로는 다음과 같은 질환이 있다.

- 천식
- 두드러기
- 위궤양
- 두통
- 과민성 대장 증후군
- 구내염
- 메니에르 증후군
- 원형탈모증

스트레스가 신체적 증상으로 나타나는 사람들 (전환장애)

전환장애는 스트레스를 받을 때 신체적으로 나타나는 증상이나 결함이다. 예를 들어 가정에 어떤 문제가 있을 때, 혹은 직장에서 강한 스트레스를 받으면, 서 있기가 힘들거나 걷지 못하거나 목소리가 나오지 않거나 시각 혹은 청각 장애 같은 다양한 신체 증상이 나타날 수 있다.

이런 신체 증상이 나타나면 그쪽으로 의식이 집중되기 때문에 원래 원인인 스트레스에 대해서는 잠시 눈을 돌릴 수 있다. 본인은 '일어설 수 없어 출근할 수 없다'라고 생각하지만, 그로 인해 스트레스의 원인이 되는 직장에 가고 싶지 않아서 그런 것일 수도 있다. 이처럼 그 증상의 존재가 환자 본인에게 이익을 가져다주는 '질병 이득(gain from illness)'이 발생하기도 한다.

의사가 전환장애라는 진단을 내리는 근거로는 교과서적으로 '충만한 무관심'을 들 수 있다. 전환장애라는 증상에 대해 환자 본인은 별로 걱정하는 기색을 보이지 않는다는 것인데, 실제 의료 현장에서는 적극적으로 증상에 대한 괴로움을 호소하는 환자도 종종 있어 판단이 쉽지 않다.

전환장애로 인해 마치 뇌전증(간질) 발작과 같은 경련을 일으키는 경우도 있는데 이런 경우 '심인성 비뇌전증 발작(PNES)'이라고 한다.

또 실제로는 아무것도 없지만 목에 무언가 걸린 듯한 느낌을 주는 '히스테리구(인후두 이상증)'라는 증상이나, 몸이 등 쪽으로 말려 활처럼 휜 상태가 되고 팔다리가 뻣뻣해지는 '후궁반장' 등의 증상이 나타나기도 한다.

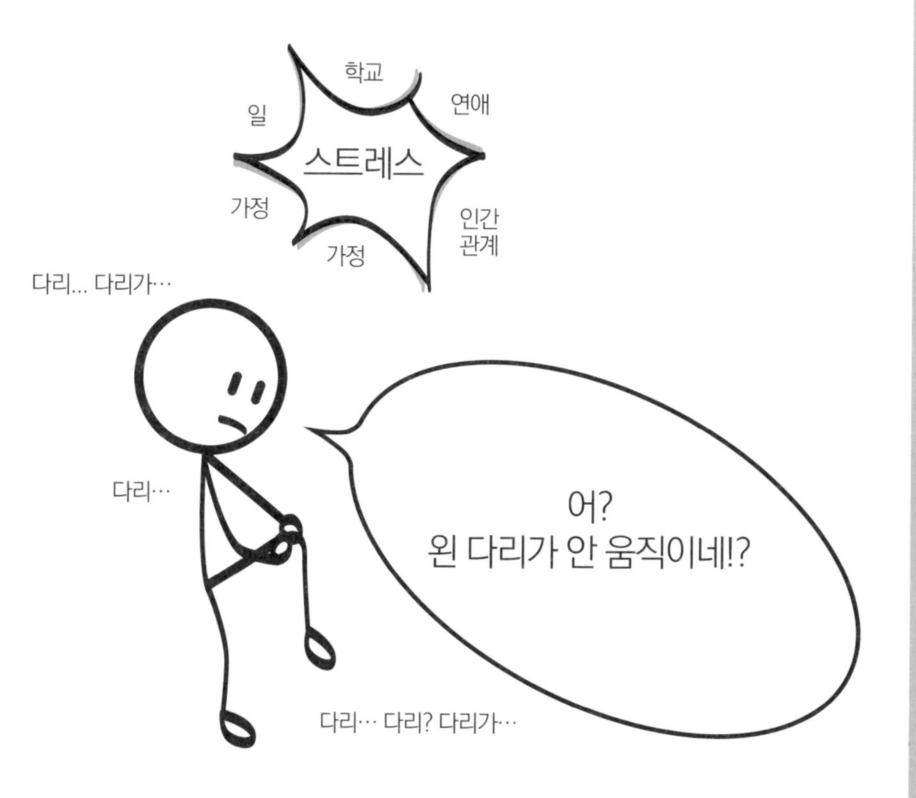

스트레스와 함께 신체적 증상이 나타남
일어서지 못함, 걷지 못함, 목소리가 안 나옴,
시각장애, 청각장애, 경련 등 다양함

병이 아닌데도 계속 병이라고 주장하는 사람들 (인위성 장애, 꾀병)

인위성 장애는 허위성 장애라고도 한다.

실제로는 아픈 곳이 없는데 이런저런 증상을 호소하며 자신이 병에 걸렸다고 주장할 때, 만약 그것이 무의식 중에 이루어지는 것이라면 앞서 설명한 전환 장애일 가능성이 크다.

하지만 환자 본인이 병이 아니라는 것을 알고 있으면서 거짓말을 하는 것이라면 인위성 장애나 꾀병을 의심해 볼 수 있다.

이 두 가지는 목적이 다르다.

인위성 장애는 주위의 관심을 끌기 위해 자신이 병에 걸렸다고 또는 상처를 입었다고 거짓으로 주장하는 것으로 뮌하우젠 증후군(münchausen syndrome)이라고 부르기도 한다. 만약 자기 자신이 아니라 자기 아이가 아프다는 둥 본인 이외의 사람을 거짓으로 아프다고 하는 경우는 대리 뮌하우젠 증후군(타인에게 인위성 장애를 전가하는 것)이라고 한다.

한편 꾀병은 돈이나 약을 대신 타기 위해, 혹은 세금 납부와 같은 의무를 피할 목적으로 거짓말을 하는 것이다.

인위성 장애나 꾀병은 둘 다 약물 치료의 대상은 아니다.

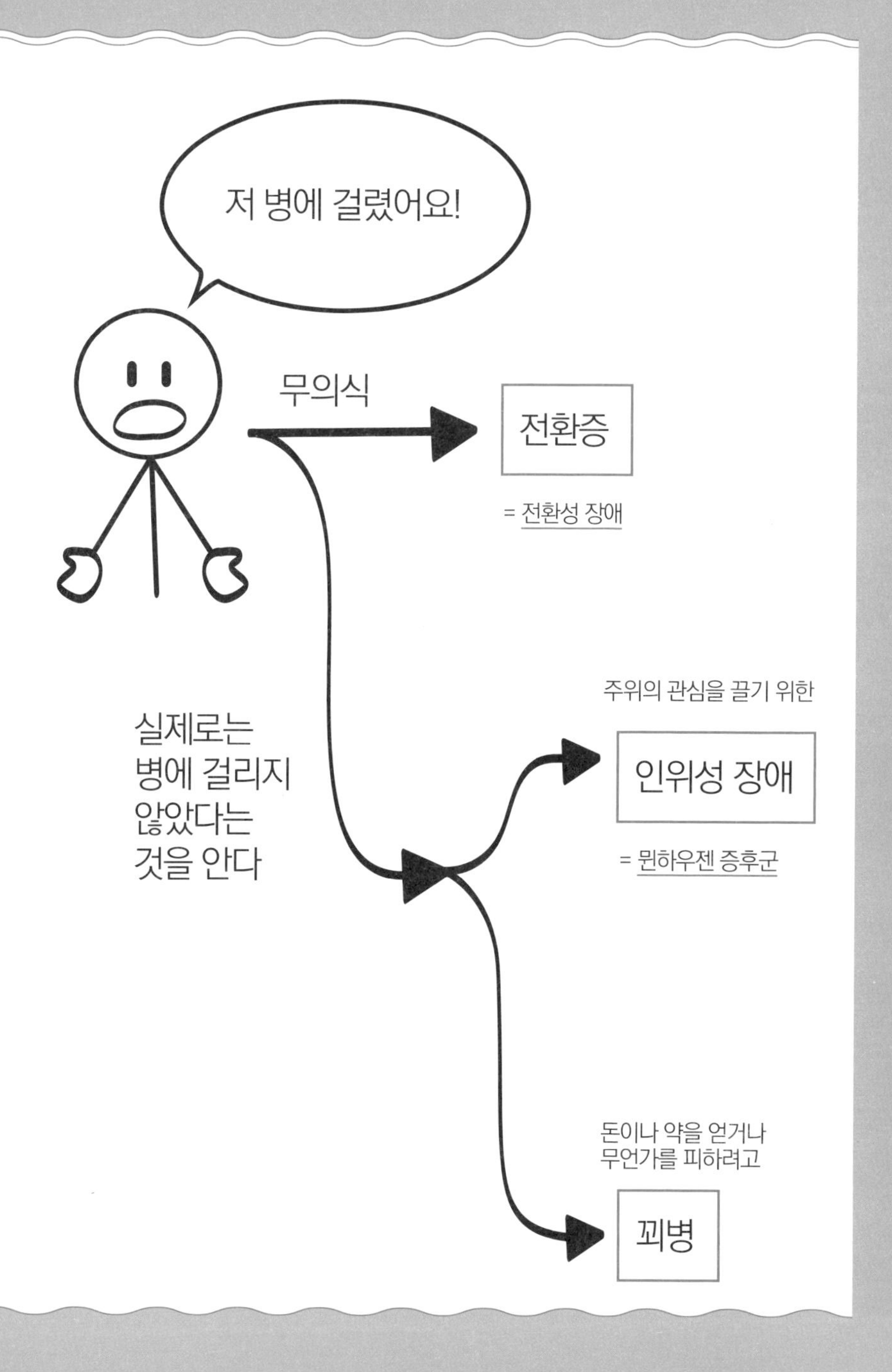
저 병에 걸렸어요!
무의식
전환증
= 전환성 장애
실제로는 병에 걸리지 않았다는 것을 안다
주위의 관심을 끌기 위한
인위성 장애
= 뮌하우젠 증후군
돈이나 약을 얻거나 무언가를 피하려고
꾀병

다중인격이나 기억장애가
있는 사람들 (해리장애)

스트레스가 신체 증상으로
나타나는 사람들 (전환장애)

앞에서 이미 다뤘던 전환장애와 여기서 다루는 해리 장애는 예전에 두 가지를 묶어 '히스테리'라는 카테고리로 다뤘던 시기가 있었다. 이 두 증상이 특히 여성에게서 많이 나타났기 때문에 자궁에 원인이 있는 것이 아닌가 하고 병명을 그렇게 붙인 것이다. 전환장애와 해리장애는 별개의 질환이지만 두 가지 모두 강한 스트레스에 대해 비정상적인 방어 기능이 작동한다는 것은 동일하다.

다중인격과 기억장애가 있는 사람들 (해리장애)

해리장애는 영어로 'dissociative disorder'라고 하며 '해리성 정체성 장애', '해리성 기억상실증', '현실감 소실증'의 세 가지로 나뉜다.

해리성 정체성 장애는 이른바 다중인격이라고 생각해도 된다. 주인격(주된 인격)을 스트레스로부터 보호하기 위해 또 다른 인격(교대 인격)이 나타나 수시로 상황에 맞게 바뀐다.

해리성 기억상실증은 스트레스의 원인이 되는 사물에 관한 기억을 잃음으로써 자신을 보호하려는 것이다. 이른바 기억상실증이다. 즉 자신이 누구인지, 왜 거기 있는지에 관한 모든 기억을 잊어버리는 경우도 있다.

현실감 소실증(이인증)은 현실감을 상실하고 존재감을 느끼지 못한 데 대한 스트레스를 극복하려는 과정에서 생긴다. 자신이 자신이 아닌 것 같은 느낌, 유리창을 사이에 두고 있는 듯한 느낌 등이 있다.

어느 경우에도 '이격(현실에서 격리되는 것)'과 '구획화(하나의 뇌로 필요한 기억이나 인격을 분리시키는 것)'가 일어난다는 것이 특징이다.

해리성 정체성 장애 환자에게 일어나는 일과 힘든 점

해리성 정체성 장애는 강한 스트레스를 받을 때, 하나의 인격 안에 둘 또는 그 이상의 각각 다른 인격이 나타나 어떤 인격은 "내가 견뎌 낼게" 하고 나타나고, 또 다른 인격은 "내가 스스로 할 거야" 하고 나타나는 등 주인격을 대신해 스트레스를 떠맡기 때문에 생긴다. 이전에는 다중인격이라고 불렸다.

주로 다음과 같은 다른 인격이 나타나기 쉽다.

- 퇴행 인격

어린아이와 같은 말과 행동을 한다.

- 잘 대처하는 인격

주인격을 대신해서 그 상황에 대처한다.

- 공격적인 인격

때로 파괴적인 방법을 쓴다.

- 묵묵히 참는 인격

주인격 대신에 스트레스를 견딘다. 자해를 할 수도 있으니 주의해야 한다.

이렇게 다양한 인격이 나타나는 것에는 나름대로 의미가 있는 것이므로, 그 존재를 주변에서 부정해서는 안 된다. 말하자면 하나의 '인격체계'로서 받아들여야 한다.

각각의 인격은 질환의 증상으로 나타난 것이지만 환자 본인의 일부이기도 하다. 최종적으로는 흩어진 인격들이 하나로 통합되는 것이 이상적이지만 처음부터 그것을 목표로 삼아서는 안 된다. 무리하게 통합하려 하다가는 환자의 인격이 바뀌는 것을 부정하는 메시지가 될 수도 있기 때문이다. 해리성 정체성 장애는 다른 인격의 존재로 인해 환청이나 피감시감(누군가에게 감시당하는 느낌) 등을 호소할 수도 있어 조현병과 구별이 힘든 경우도 많이 있다.

만약 인격이 바뀌는 것에 대해 '연기하는 거 아냐?'라는 식으로 대응하면 환자의 교체 인격은 '이 사람과는 말이 통하지 않는다'라며 나타나지 않게 되거나 주인격인 척할 뿐 전혀 치료의 효과는 없게 되는 경우도 있다.

해리성 정체성 장애는 본질적으로 배경에 트라우마가 존재하지만, 트라우마에서 벗어나는 일은 쉽지 않은 경우가 많으므로 트라우마 자체를 치료하거나 여러 인격이 나타나는 것을 줄이기에 앞서 일단은 환자가 안정된 생활을 할 수 있도록 하는 것이 좋다.

그러기 위해서는 교체 인격의 등장을 막지 말고 이해하려고 노력해야 하지만 '당신은 몇 살이에요?', '취미는?'라는 식으로 교체 인격에 대해 자세하게 물어보는 것은 삼가는 것이 좋다. 본인이 스스로 말하는 것 이외에 이것저것 물어보는 것은 또 다른 인격을 더욱 견고하게 형성할 수 있기 때문이다

또한 주인격과 대화할 때도 "다른 인격도 들어줬으면 좋겠어요"라고 다른 인격이 대화를 듣고 있다는 전제하에 메시지를 보내는 방법이 권장된다.

환자 내부에 있는 여러 인격이 어떻게 의사소통하고 있는지를 파악하고, 상상 속의 광장에서 대화를 나누게 하거나 노트에 적어 메시지를 전달하게 하는 등 정보 공유를 제안하는 것도 좋다. 이렇게 하면 장기적으로는 인격

의 통일을 이룰 수도 있기 때문이다.

또 다른 인격의 존재는 본인의 증상이기도 하지만 본인을 응원하는 존재이기도 하다는 것을 인정하고 환자를 대하는 것이 좋다. 단, 자해를 시도하려는 인격에 대해서는 그 인격의 존재 의의는 인정하되 자해는 인정하지 않는 태도를 취하는 것이 필수적이다.

해리성 기억상실증 환자에게 일어나는 일과 힘든 점

해리성 기억상실증은 스트레스에 대처하기 위해 그 스트레스의 원인을 잊어버리려고 하는 과정에서 발생한다. 이전의 모든 기억을 잊어버리는 전반적 기억상실증과 일부 기억만 없어지는 타입이 있다.

해리성 기억상실증에 배회성 기억장애가 함께 나타나면 모든 기억을 잃어버린 채로 실종되기도 한다. 자신이 누구인지, 어디에 살고 있는지, 가족이 있는지 등 모든 것을 기억하지 못하는 상태로 낯선 곳에서 다른 인생을 살게 되는 경우도 있다.

치료법으로는 정신요법이 이용된다. 장기간 해리성 기억상실증이었던 환자가 기억을 회복하게 되면 매우 고통스러운 기억까지 떠올려야 하기 때문에 강한 스트레스를 받게 된다. 그 사실을 충분히 이해해서 환자가 뭔가를 얘기하면 공감해 주고, 아무 말도 하지 않더라도 강한 스트레스가 존재한다는 전제하에 환자를 대해야 한다.

이인증 환자에게 일어나는 일과 힘든 점

이인증(離人症) 혹은 현실감 소실증은 강한 스트레스를 받았을 때 현실감을 잃음으로써 그것을 극복하려고 하는 과정에서 생기는 것이 원인이라고 할 수 있다.

이인증에는 외부 세계에 대한 생생한 실재감이 희박해지는 '외계의식 이인증'과 자신의 체험이나 능동적 행동이 느껴지지 않는 '내계의식 이인증' 그리고 신체에 대한 자기 소속감이 사라지는 '신체의식 이인증'이 있다.

예컨대 현재 자신의 주변 상황이나 주변 사람들이 전혀 다른 세계의 존재처럼 멀게 느껴지거나 자신이 한 일도 마치 자신이 아닌 다른 사람이 한 것처럼 느껴지고 자신의 몸이 자신의 것이 아닌 것처럼 느껴지는 것이다.

다른 해리성 장애와 마찬가지로 약물치료는 하지 않고 원인이 된 스트레스의 내용을 명확히 찾아서 대처 방법을 검토한다.

체중과 먹는 것이 신경 쓰여 먹지 않고 계속 살을 빼는 사람들 (신경성 식욕부진증)

섭식장애에는 신경성 과식증, 음식물 섭취장애 등도 있지만 의료 현장에서 가장 많이 다루는 것은 신경성 마른 체형이다. 신경성 마른 체형은 거식증이나 신경성 식욕부진증이라고 불리기도 한다. 하지만 실제로는 '식욕부진'이나 '무식욕'이 아니라 먹는 것에 대한 욕구가 강하지만 그 이상으로 먹는 것을 두려워하는 것이 일반적이다.
의료 현장에서는 영어명 'anorexia nervosa'를 줄여 '아노렉시아'라고 부르는 경우가 많다.

체중과 먹는 것이 신경 쓰여 먹지 않고 계속 살을 빼는 사람들 (신경성 식욕부진증)

신경성 식욕부진증(거식증)은 자신의 외모에 신경 쓰기 시작하는 사춘기에서 청년기에 처음 나타나는 경우가 일반적이다. 특히 다이어트를 하다가 신경성 식욕부진증이 되는 경우가 많고 여성이 남성보다 약 10배 더 많다.

피겨스케이트나 리듬체조 선수, 발레리나, 장거리 육상선수 등 몸이 마른 것이 더 유리한 스포츠 선수들 중에도 많다.

여성이 성인이 되는 과정에서 가슴이 발육하는 것을 거부하는 '성숙 거부'의 영향으로 발병하는 경우도 있다. 또 공부 성적이나 친구 관계는 마음대로 안 되더라도 먹을 것을 먹지 않으면 체중은 반드시 줄기 때문에 '자신을 컨트롤할 수 있다'는 성취감 때문에 계속 빠져드는 경우도 있다.

신경성 식욕부진증 환자에게 일어나는 일과 힘든 점

DSM-5에서는 다음 세 가지 요소가 충족되면 신경성 식욕부진증이라고 진단한다.

1. 저체중

WHO에 따르면 BMI 18.5 미만은 저체중이다. BMI는 체중(kg)÷신장(m)÷신장(m) 이다.

2. 체중 증가 거부

거식, 비만 공포, 마른 몸 동경

3. 잘못된 인식

신체에 대한 이미지 장애, 마른 체형의 심각성 부정, 자기 자신에 대한 평가가 체중이나 체형에 좌우됨

비만을 두려워하고 살을 빼고 싶어 하는 것 자체는 질병이 아니더라도 흔한 일이다.

많은 사람들이 다이어트를 하지만, 일반적으로는 노력해서 어느 정도 체중이 줄면 그것에 만족한다. 물론 그 체중을 유지하는 사람도 있고 반등을 경험하는 사람도 있지만 적당한 수준에서 멈출 수 있다.

하지만 신경성 식욕부진증의 경우는 어느 정도 체중이 내려가도 '살을 더 빼야 해'라는 생각이 수그러들지 않는다.

'더 마르고 싶다', '말라야 좋은 거다'라는 생각이 머리에서 떠나지 않고, 조금이라도 체중이 늘면 '이대로 계속 살이 찌면 어쩌지?'라고 두려워하며

하루에도 몇 번씩 체중을 재고 일희일비하는 것을 반복한다. 이렇게 체중 감소와 비만 공포가 악순환을 거듭하다 완전히 저체중이 되어 일상생활이 불가능해지는 경우나 심하면 목숨을 잃는 경우도 있다.

다른 사람 눈에는 분명 정상이 아닌데 본인은 신체상(이미지) 장애 때문에 자신이 비정상적으로 말랐다는 인식이 희박하고 심각성을 깨닫지 못한다.

혹은 자신이 뚱뚱하다는 착각에 빠지는 경우도 있다. 실제로 뼈만 남을 정도로 마른 환자가 자신을 씨름선수 같다고 표현했던 일은 매우 인상적인 기억이다.

이상한 식사 습관이 있다

신경성 식욕부진증 환자에게 흔히 볼 수 있는 식습관의 이상은 다음과 같다.

- 먹는 양이 압도적으로 적다.
- 음식물의 칼로리 표시를 일일이 확인한다.
- 편향된 식습관을 갖는다(지방과 당질을 극단적으로 피하거나 채소와 단백질만 섭취하는 등).
- 조리법이나 반찬에 대해 말이 많다(걱정하는 가족들이 영양가 있는 음식을 먹이려고 해도 거부하면서 이런저런 불평을 한다).
- 먹는 방법이 비정상적이다(잘게 다져서 먹거나 씹는 횟수가 너무 많거나 먹는 데 시간이 오래 걸리거나 먹는 순서에 집착하거나 이상한 양념을 하는 등).

신경성 식욕부진증 환자는 식욕이 없는 것이 아니라 오히려 음식에 대한 생각에 사로잡혀 있는 것이 일반적이다. 예를 들어 유튜브에서 먹방을 계속 보거나 가족들에게 과식하도록 권유하는 경우도 있다. 이것은 마치 TV에서 자신이 응원하는 프로 야구팀의 경기를 볼 때 홈런을 치면 가슴이 후련하듯이 먹지 않는 자신을 대신해서 누군가가 음식을 거하게 먹는 것을 보며 대리 만족감을 느끼고 있는 것으로 생각된다.

혹은 음식을 일단 입에 넣어서 씹다가 뱉어내는 사람도 있다. 마음은 먹고 싶지만 실제로 삼키는 것이 두려운 것이다.

또 과식으로 이어지는 패턴도 있다. 과식을 하고 토하는 자기유발성 구토나 설사약(하제)을 남용해서 만성 설사를 하는 사람도 있다. 이런 유형의 섭식장애를 '과식-배설형'이라고 한다.

또한 신경성 식욕부진증 환자의 약 50% 이상이 '과활동성'을 보인다. 몸이 마르고 체력이 떨어졌음에도 불구하고 운동을 과하게 하는 사람도 있다. 이것은 더 날씬해지고 싶다는 바람 때문일 수도 있겠지만 단지 그것만은 아니다. 굶주린 상태의 말, 돼지, 쥐 같은 동물도 마찬가지로 과활동성을 보이기 때문이다. 동물의 경우는 더 마르고자 하는 욕망이야 없겠지만, 본능적으로 몸을 움직이지 않고는 견딜 수 없는 기분이 드는 경우가 있는 것으로 생각된다.

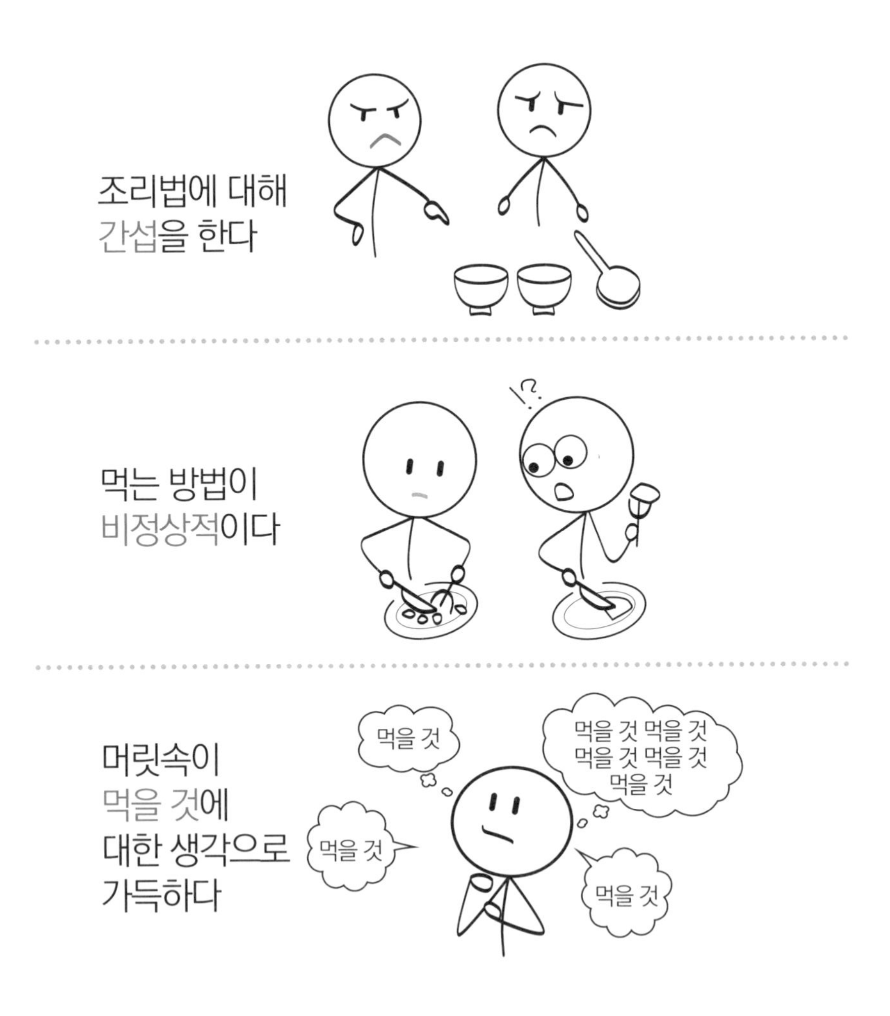

신체에 미치는 영향

신경성 식욕부진증(거식증)이 장기화되면 다음과 같은 신체적 이상이 나타난다.

- 인체의 신진대사를 촉진하는 갑상선 호르몬이 감소한다.
- 월경이 멈춘다.
- 빈혈이 나타난다. 식사를 하지 않아 철분과 엽산이 결핍될 뿐만 아니라, 극도의 저체중 상태가 되면 혈액을 만들어내는 공장인 골수의 변성을 초래할 수도 있다.
- 귀가 막힌 것처럼 먹먹해지는 느낌(이패감)이나 자기 목소리가 울리며 크게 들리는 자성강청 등이 나타나는 이관(유스타키오관-귀 내부와 외부의 압력을 동등하게 조절함)개방증이 생길 수 있다. 이관 주변의 지방조직이 줄어들기 때문이다.
- 저영양에 따른 호르몬 이상으로 골다공증이 생긴다.
- 저단백혈증, 전해질 이상, 호르몬 변화 등으로 부종이 나타난다. 부은 것을 '살이 찐 것이 아닌가?'라고 오해하며 더욱 걱정하게 된다.
- 뇌 위축이 일어난다. 체중만이 아니라 뇌도 줄어들기 때문인데 초기에 충분한 영양을 섭취하면 회복할 수 있다.
- 알부민 부족으로 지방을 에너지원으로 사용할 수 없어 고콜레스테롤혈증(고지혈증)이 생긴다.
- 여성 호르몬이 감소하면서 머리가 빠지는 반면 음모나 잔털은 늘어난다.

이런 증상들은 기본적으로 식사를 정상적으로 하면 회복된다. 하지만 극단적인 영양부족 상태가 장기간 지속된 사람의 경우 갑자기 식사를 재개하면 '영양 재개 증후군'이라고 하는 전해질 이상이 찾아올 수 있다. 특히 혈중 인의 농도가 낮아지면 다발성 장기 부전을 일으킬 수 있어 입원을 한 경우라도 갑자기 많은 양의 식사를 하는 것이 아니라 서서히 식사량을 늘리는 것이 좋다.

또한 과식과 구토를 반복하는 경우에는 손을 입에 집어넣어 목구멍을 누르는 과정에서 치아가 닿은 손등에 특징적인 잇자국이 남기도 한다. 또 구토를 할 때 치아가 위산에 노출되면 에나멜질(사기질)이 벗겨져 충치가 증가하기도 한다.

술을 마시지 않을 수 없는 사람들
(알코올 사용 장애)

의존증은 어떤 것을 멈추고 싶어도 멈출 수 없는 질병이다. 심리적인 요소와 뇌신경적인 요소가 모두 관여하여 의존이 형성되며 의존증에는 다음의 세 가지가 있다. 첫째는 알코올이나 니코틴, 각성제, 코카인, 마리화나 등 '물질'에 대한 의존, 둘째는 도박이나 쇼핑, 도벽 등 '행동'에 대한 의존, 마지막으로 정신의학에서는 비교적 많이 다루지 않지만 '인간관계'에 대한 의존도 있다. 룸살롱이나 호스트바를 끊지 못하고 계속 다니는 사람들도 일종의 의존증이다.

술을 마시지 않을 수 없는 사람들
(알코올 사용 장애)

물질 의존 중에서 가장 흔한 것이 알코올 의존증이다.
일본의 알코올 의존증 생애 유병률은 남성이 약 2%, 여성이 약 0.2%로 남성이 더 높기는 하지만 여성의 유병률도 점차 늘고 있다. 추정 환자 수는 107만 명으로 알려져 있으나 증상이 가벼운 사람까지 포함하면 훨씬 많을 것이다. (*한국의 일 년 유병률 남성 3.4%, 여성 1.8%-2021년 보건복지부)
알코올 의존증은 흔히 말하는 알코올 중독과는 의학적으로 다른 질환이다. 알코올 의존증이 '끊을 수 없는 상태'를 가리키는 것이라면 알코올 중독은 뇌, 간 등이 '손상을 입은 상태'를 가리킨다.
청소년의 폭음에서 흔히 볼 수 있는 '급성 알코올 중독'은 갑자기 다량의 알코올을 섭취함으로써('원샷' 등) 생기는 것으로 의식장애, 호흡억제 등의 위험이 있다. 한편 '만성 알코올 중독'은 장기간의 음주로 인해 생기는 문제로, 간질환, 신경 장애, 간암이나 식도암 등이 생길 수 있다.

'알코올 사용 장애' 진단 기준

정신의학계에서는 알코올 의존증을 '알코올 사용 장애'라고 부르기도 한다.

다음 리스트 중 2개에 해당되면 경증, 4개에 해당되면 중등증(中等症-경증과 중증 사이), 6개 이상이면 중증이라고 진단된다.

1. 조금만 마시려 했으나 많은 양을 마셔 버린다.
2. 술을 줄이거나 끊으려고 해도 계속 마시게 되거나 금주 후 다시 음주하게 된다.
3. 음주를 위해 많은 시간과 노력을 들이거나 음주 후 회복에 시간이 오래 걸린다.
4. 강한 음주 욕구를 느낀다.
5. 음주로 인해 직장이나 가정에 문제가 생긴다.
6. 음주로 인해 사회적으로나 대인 관계에 문제가 생겨도 음주를 계속한다.
7. 음주로 인해 사회 활동, 직업 활동, 취미 활동이 줄어든다.
8. 위험한 상황에서도 술을 마신다(음주 운전 등).
9. 건강상의 문제가 있음을 알면서도 술을 계속 마신다.
10. 내성이 생겨 점점 더 많은 양을 마셔야 취하게 된다.
11. 음주를 하지 않으면 금단증상이 나타난다.

이런 요소들을 통해 알 수 있듯 알코올 사용 장애는 강한 섭취 욕구 때문에 자기 조절이 어려워지고 지속적으로 다량의 알코올을 섭취하면서 내성이 생겨 금단증상이 일어나며, 많은 문제가 발생하는 것이다.

정신적 의존과 신체적 의존

알코올 의존증뿐만 아니라 모든 의존에는 '정신적 의존'과 '신체적 의존'이 있다.

정신적 의존은 무언가를 몹시 갖고 싶은 상태이며, 섭취 욕구, 갈망과 같은 말로 표현할 수 있다. 마시면 안 된다는 것을 머리로는 알고 있지만 결국 마시게 된다. 또 '딱 한 잔만 마셔야지' 하고 마시기 시작하지만, 한 잔으로 그치지 않고 '한 잔만 더……', '아니 세 잔만 마시고 그만 마셔야지' 하는 식으로 자신을 제어하지 못하고 점점 많은 양을 마시게 되는 조절 장애를 가져온다.

신체적 의존은 술을 마시지 않으면 발한, 떨림, 불안과 초조감 등 금단증상(이탈증상)이 나타나기 때문에 술을 끊지 못하는 상태를 가리킨다.

실제로 장기간 음주를 지속하던 사람이 술을 끊으면 시간이 지남에 따라 다음과 같은 금단증상이 나타날 수 있다.

- 6~8시간 손이 떨리는 진전 현상
- 8~12시간 불안, 초조감, 발한, 두근거림 등의 정신증상이나 자율신경계의 과활동
- 12~24시간 경련 발작
- 72시간 이상 진전, 섬망(불안, 초조, 환각 등)이라 불리는 의식장애

알코올 의존증 환자에 대한 이미지 하면 흔히 손을 떨고 있는 모습을 떠올리는데, 이것은 사실 술에 취해 손을 떠는 것이 아니라 알코올 기운이 떨

어져서 떠는 것이다.

의존증은 부인하는 병

알코올처럼 의존성이 있는 물질에는 '내성'이 생긴다. 즉 그것에 익숙해져 버린다는 뜻이다. 술을 일상적으로 마시다 보면 술이 점점 세지는 것을 느끼는데, 이것은 간이 알코올을 분해하는 데 익숙해지는 것뿐 아니라 뇌가 알코올에 익숙해지는 것을 뜻한다. 그래서 취하는 데 필요한 술의 양이 더 늘어나는 것이다.

전문가들은 흔히 '의존증은 부인하는 병'이라고 표현한다. 알코올 의존증 환자들은 '많이 안 마셨다', '나는 의존증이 아니다. 술이 좋아서 마실 뿐이다', '끊으려고 하면 언제든 끊을 수 있다' 등등 자신이 의존증이라는 것을 인정하지 않는다. 즉, 부인하는 것이다.

또 '술은 약으로 마시는 거야', '술을 안 마셔서 스트레스가 쌓이는 것 보다 술을 마시고 스트레스를 푸는 게 좋은 거다'라며 자신을 '합리화'하기도 한다.

하지만 그렇다고 환자 본인이 아무 생각이 없는 것은 아니다. 음주로 인해 발생하는 건강이나 생활상의 문제에 대해 본인도 사실은 알고 있고 나름대로 고민도 하고 있다. 따라서 그에 공감하는 방향으로 환자를 대할 필요가 있다.

이러한 물질 의존이 일어나는 메커니즘은 '물질+상황+소인'이라고 알려져 있다.

우선 알코올 등 의존 물질이 있어야 한다.

그리고 고통을 느끼는 상황이 있어야 한다. 그 괴로움을 스스로 치유해 보려다 물질에 의존하게 된다는 것이 자기치료 가설이다.

덧붙여 소인(素因, 근본 원인)도 영향을 미친다고 여겨진다. 부모나 친척 중에 명백한 의존증 환자가 있으면 특히 주의가 필요하지만, 그렇지 않은 경우 일반적으로는 자신에게 그런 소인이 있는지는 알 수 없다. 따라서 누구에게나 찾아올 수 있는 병이라는 식으로 생각하는 것이 좋다.

술을 끊으려면

알코올 의존증 환자는 일단 술을 끊어도 다시 음주를 시작하는 경우가 많은데, 이것을 업계 용어로는 슬립(slip)이라고 한다. 슬립이 발생했을 때 그런 환자를 비난해서는 안 된다. 오히려 재음주를 했다는 사실을 환자 본인이 얘기할 수 있는 환경을 조성하는 것이 더 중요하다.

재음주를 했다는 사실에 대해 환자가 겉으로 어떻게 반응하든 마음 한구석에는 후회하는 마음이 있을 것이다. 그 부분에 초점을 맞춰 그 환자가 음주하기 쉬운 패턴을 파악하고 함께 대책을 세우는 등 공감하는 자세로 대응해야 한다.

또 알코올 의존증이라는 장애에 대해 제대로 배울 수 있는 심리교육이나 같은 장애를 가진 환자들끼리 서로 경험을 나눌 수 있는 그룹 정신치료 등도 활용한다.

이런 치료는 알코올 의존증 환자의 가족에게도 매우 필요하며 같이 심리교육을 받거나 환자 가족 모임에 참여하는 방법 등이 있다.

인에이블링 • 공동 의존자

알코올 의존증 환자가 좀처럼 술을 끊지 못하는 이유 중 하나가 주변에서 그럴만한 상황을 조장하고 있기 때문이라는 이론이 있는데, 이것을 '인에이블링(enabling 조장하는 자)'이라고 한다.

예를 들어 알코올 의존증 남편이 있는 아내의 경우를 생각해 보자. 남편이 의존증이면 부인도 괴로울 것이다. 고통받는 부인의 입장에서는 '말도 안 된다'고 부정하겠지만, 결과적으로 부인이 남편의 의존증을 악화시키는 행동을 하고 있을지도 모른다.

흔히 있는 경우가 술에 취해 운전할 수 없는 남편을 대신해 부인이 차를 몰고 술을 사다 주는 경우가 많다. 물론 돈도 많이 들고, 그런 짓을 하고 싶지 않겠지만, 남편이 술을 사 오라고 소리치거나 폭력을 휘두르면 남편을 일시적으로라도 조용히 만들려고 술을 사다 주게 된다. 그렇게 함으로써 결과적으로 부인은 남편이 술을 마실 수 있는 환경을 만들어 준 것이 된다.

숙취 때문에 출근하지 못하는 남편 작업장에 전화해 "감기 때문에 오늘은 작업 못할 것 같습니다"라고 말하고 대신 작업하는 것도 사실은 엄연한 인에이블링이다.

또 남편이 술에 빠져 돈을 벌지 못해 생활이 곤란해졌을 때 부인이 돈을 벌러 나가는 것도 넓은 의미로는 인에이블링에 해당된다.

술을 계속 마실 수 있는 상태를 만들어 버린다

이렇게 의존증인 남편의 곁을 떠나지 않고 불평하면서도 한편으로는 남편을 보살피고 있는 부인의 입장에서는 '이 사람은 내가 없으면 안 된다'는 심리가 작용할 수도 있다.

이렇게 생각하는 이면에는 남편을 돌보는 것에서 자신의 존재 의미를 찾으려는 심리도 있는 것이다. 가족 중에 의존증 환자가 있을 때, 환자를 돌보는 것이 중요한 일이 되고 거기서 벗어나지 못해 자신의 삶을 살아갈 수 없게 되는데, 이를 '공의존(共依存)' 또는 동반 의존이라고 한다. 공의존은 타인의 불평등을 받아들임으로써 자신의 정체성을 찾는 심리 상태다.

이런 이유로 의존증은 '가족의 병'이라고 말하는 전문가도 있다. 가족 중에 의존증 환자가 있어 고통받는 사람을 비난할 마음은 전혀 없지만 공의존이 일어나고 있을 가능성에 대해서는 주의가 필요하다. 물론 가족의 적절한 지지가 의존증으로 인한 폐해를 줄이고 의존증을 극복하는 데 도움이 될 수 있음은 두말할 나위가 없다.

금주와 해로운 물질 줄이기

알코올 의존증에 관해 당사자가 아닌 사람들은 '술을 줄이면 되는 것 아니냐'고 생각하기 쉽다. 물론 그렇게 줄일 수 있는 사람이 있는 것은 사실이다. 하지만 어느 수준 이상의 알코올 의존증이라면 그것이 너무나도 어려운 일이다. 알코올 의존증은 강한 의지로 극복할 수 있는 것이 아니라 통제력의 장애 때문에 생긴다. 한 잔이라도 마시게 되면 그것이 발단이 되어 자신의 통제력을 잃게 된다.

반대로 입원 치료 등 술을 전혀 마실 수 없는 상태가 되면 처음에는 금단 증상으로 시달리게 되지만 조금 시간이 지나면 술을 마시고자 하는 욕구는 잦아든다.

이를 통해 알코올 의존증을 극복하기 위해 필요한 것은 명백히 '술을 줄이는 것'이 아니라, '술을 끊는 것'임을 알 수 있다.

단, 거기에 이르는 방법은 신중해야 한다.

과거에는 자신이 알코올 의존증이라는 것을 인정하기 싫어하는 환자에게 현실을 직시하게 하는 '직면화'를 요구하거나, 술을 끊지 않으면 더 이상 어쩔 수 없다고 느껴지게 하여 인생의 바닥까지 내려가게 하는 체험 요법을 치료에 도입하려던 시기가 있었다.

하지만 직면화는 환자와 의료 관계자의 신뢰관계를 망가뜨린다. 바닥까지 내려가게 하는 체험 요법도, 바닥을 칠 때까지 기다리는 동안 환자는 건강도 생활도 심각한 상태에 이르고 만다. 따라서 이 두 요법 모두 지금은 전혀 권장되지 않는다.

그 대신에 주목을 받고 있는 것이 '위해 물질 줄이기(harm reduction)'

이라는 개념이다.

즉 알코올 의존증 치료의 목적은 물론 술을 끊는 것이지만 술을 끊지 못하는 상황이나 끊으려는 의지가 부족한 상황에서도 음주의 악영향을 조금이라도 줄여 보자는 것이다. 끊을 수 없다면 최소한 줄이자는 것이고, 줄일 수 없다면 옆에서 도와주기라도 하자는 것이다.

또 이런 시도를 하다 보면 환자 자신도 '줄이는 것도 안 되는구나. 이제는 술을 끊는 것 말고는 방법이 없다'라며 굳은 의지를 갖게 되는 경우도 있다.

밤에 잠을 못 자 낮에 문제가 생기는 사람들 (불면증)

꿈을 꾸며 행동하는 사람들 (렘수면 행동장애)

갑자기 잠들어버리는 사람들 (기면증)

잠자다 호흡이 멈추는 사람들 (수면무호흡증)

밤에 다리가 가려운 (근질근질한) 사람들 (하지불안증후군)

수면 시간이 서서히 늦어지는 사람들 (일주기 수면리듬장애)

인간의 수면 리듬은 두 가지 요소로 구성되어 있다. 하나는 빛으로 인해 작동하는 '생체리듬'이고 또 하나는 깨어있는 동안 뇌 속에 쌓이는 '수면물질'이다. 인간은 잠이 들면 뇌세포와 뇌세포 사이의 간격이 넓어지며 뇌에 쌓인 수면물질을 씻어내는 과정을 매일 밤 반복하고 있다.
생리적인 수면시간은 10년에 10분씩 줄어든다고 알려져 있고 25세에 약 7시간, 45세에 약 6.5시간, 65세에 약 6시간이 평균이다.

밤에 잠을 못 자서 낮에 문제가 생기는 사람들 (불면증)

밤에 잠을 못 자도 낮에 아무 문제가 발생하지 않는다면 불면증이라고 말하지 않는다. 단지 수면시간이 짧을 뿐이다. 불면증은 밤에 잠을 자지 못해 낮에 졸음이 쏟아지거나 집중력이 떨어지거나 피로감을 느끼는 경우를 말한다. 불면증에는 다음과 같은 몇 가지 요소가 있다.

- 입면(잠들기) 곤란

잠이 잘 오지 않는다

- 숙면 장애

푹 잔 것 같지가 않다

- 중도 각성

한밤중에 잠이 깬다

- 새벽 각성

새벽에 일찍 잠이 깬다

이 모든 경우에 성급히 수면제를 먹지 말고 우선 다음과 같은 생활습관을 개선하는 것이 바람직하다.

- 잠자리에 들기 4시간 전부터는 커피나 녹차 등 카페인 섭취를 피한다.

- 각성 작용을 하는 담배는 잠들기 전에는 피우지 않는다.
- 잠들기 전에는 술을 마시지 않는다. 알코올을 섭취하면 잠이 오기는 하지만 수면의 질을 떨어뜨려 자다가 깨기 쉽다.
- 아침이나 낮에 운동한다.
- 잠들기 2시간 이전까지 미지근한 물로 목욕한다.
- 오전 중에 햇볕을 많이 쬔다. 산책을 하거나 마당에 화초를 돌보는 것이 좋으나 꼭 밖에 나가지 않더라도 커튼을 열고 창가에서 햇볕을 쬐는 것만으로도 효과가 있다.
- 낮잠은 30분 이상 자지 않는다. 낮잠을 자기 전에 카페인을 섭취하면 잠깐만 자고 깨기가 수월하다.
- 밤을 새우는 습관을 고치고 생활 리듬을 규칙적으로 유지한다.
- 일찍 자고 일찍 일어나는 것보다는 '일찍 일어나고 일찍 자려고' 노력한다. 즉 30분~1시간 일찍 일어나는 것부터 시작한다.
- 자기 전에는 스마트폰이나 TV의 블루라이트를 피한다. 몇 시인지 확인하는 것도 스마트폰으로 하지 말고 머리맡에 시계를 둔다.
- 침대는 오직 잠을 자는 용도로만 사용한다. 잠자리에 들면 잡생각을 하지 말고, 수면의 조건을 가능한 한 많이 충족시킨다. 졸리면 침대에 가서 눕고, 잠이 오지 않으면 침대에서 일어난다.

꿈을 꾸며 행동하는 사람들 (렘수면 행동장애)

렘수면 행동장애는 잠을 자는 동안 꿈에 영향을 받아 어떤 행동을 취하게 되는 장애이다.

인간의 하루 수면은 렘수면과 비렘수면으로 이루어진다. 렘은 영어 REM(Rapid Eye Movement-빠른 안구운동)으로, 잠을 자고 있는 동안 눈동자가 깨어있는 상태와 유사한 수준으로 이리저리 움직이는 상태를 가리킨다. 비렘(Non-REM)수면에서는 이런 안구의 움직임이 없다.

꿈은 눈동자가 움직이는 렘수면 상태에서 꾸는 것이다. 렘수면 상태에서는 자율신경이 흥분하거나 가라앉거나 하여 불안정하며 근육은 이완돼 있다. 근육이 이완돼 있기 때문에 꿈에서 움직인다고 실제로 몸이 움직이지는 않는다.

반면 비렘수면 상태에서는 꿈을 꾸지 않고 근육에 약간의 힘이 들어가 있는 상태라서 몸을 뒤척이는 등의 행동이 가능하다.

사람이 잠이 들면(입면하면) 일단 비렘수면 상태가 되었다가 잠시 후 렘수면 상태로 전환된다. 이렇게 비렘수면과 렘수면을 한 세트로 묶어 약 90분 주기로 반복되다가 점점 잠이 얕아지고 이윽고 잠에서 깨어나게 되는 것이 일반적이다.

그런데 렘수면일 때 근육의 이완이 제대로 이루어지지 않으면 꿈속의 움직임에 따라 실제로 몸이 움직이게 된다. 예를 들어 누군가에게 쫓기는 꿈을 꾸면 실제로 몸을 움직여 뛰쳐나가는 등의 위험한 사태가 일어나게 된다.

참고로 흔히 말하는 '몽유병'은 수면보행증이라고 하며 잠자는 중에 움직인다는 의미에서는 렘수면 행동장애와 비슷하다. 하지만 수면보행증은 비렘수면 상태에서 움직이는 것으로 비교적 젊은 나이에 많이 나타나며, 거의 대부분은 시간이 지나면 자연스레 없어진다.

그러나 중년기에서 노년기에 나타나기 시작하는 렘수면 행동장애는 증세가 좀 더 심각하다. 왜냐하면 레비(루이)소체형 치매나 파킨슨병과의 연관성이 강하게 지적되고 있기 때문이다. 렘수면행동장애가 의심되면 이들 질병에 대해서도 주의 깊게 경과를 지켜봐야 할 필요가 있다.

꿈을 꾸지 않고
근육에 힘이 들어간다
비렘수면

꿈을 꾸면서
근육이 이완되어 있다
렘수면

갑자기 잠들어버리는 사람들 (기면증)

기면증(narcolepsy)은 본인의 의지와 상관없이 갑자기 잠이 들어 버리는 '수면 발작'이 특징이다. 때와 장소를 가리지 않고 주체할 수 없는 졸음이 몰려와 어디서든 잠이 들어 버린다. 그렇게 조금 잠을 자고 나면 상쾌하게 잠에서 깬다.

캐터플랙시(cataplexy)라고 불리는 '정서적 탈력 발작(脫力發作)'이 함께 일어나기도 하는데 이것은 웃거나 놀라거나 화를 내는 등 감정이 고조됐을 때 갑자기 몸에 힘이 확 빠져버려 움직이지 못하게 되는(쓰러져 버리는) 증상이다.

잠이 막 들었을 때 흔히 가위눌림이라 불리는 '수면 마비'가 나타나는 경우도 있고, 잠이 들 때 사람이 보이는 등의 '입면기 환각'에 시달리기도 한다.

일반적으로 인간은 비렘수면부터 잠이 시작되지만, 기면증 환자는 렘수면부터 잠이 시작된다. 그 때문에 잠이 드는 순간에 아직 의식이 남아있는 상태에서 꿈을 꿔서 입면기 환각이 생기는 것이고, 의식이 남아있는 상태에서 근육에 힘이 들어가지 않아 수면 마비를 경험하는 것이다.

기면증은 전 세계 인구 중 2,000명에 1명꼴로 존재하는데 이환율이 높고 10~20대에 발병하는 경우가 많다.

기면증이라는 진단이 내려지면 차를 운전해서는 안 된다. 목욕을 할 때도 욕조에 몸을 담그고 있다가 갑자기 잠이 들면 익사할 수 있으므로 위험하다.
기면증 환자는 각성을 유지하는 신경전달물질인 '오렉신(orexin)'이 결핍돼 있는데, 대다수의 환자가 자가면역에 의해 오렉신 신경세포가 파괴되는 것이 원인이다.
기면증 진단을 위해서는 여러 가지 센서를 신체의 곳곳에 부착하고 수면 중의 상태를 관찰하는 '수면다원검사'나, 낮잠을 잘 때 잠드는 시간이나 뇌의 상태를 반복해서 확인하는 '반복수면잠복기 검사'가 이루어진다. 반복수면잠복기 검사를 실시할 때 보통 사람들은 몇 번씩 낮잠을 자지는 못하는 것이 일반적이지만 기면증 환자는 낮잠을 여러 번 자도 8분 이내에 잠이 든다.
이 밖에도 잠이 들 때 뇌파나 뇌 수액 중의 오렉신 농도 등도 참고한다.

잠 자는 중 호흡이 멈추는 사람들 (수면 무호흡증)

수면 중에 일정 시간 호흡 정지가 반복되는 장애이다. 영어 명칭은 SAS(sleep apnea syndrome)로 전문가들은 '사스'라고 부르기도 한다.
또 잠자는 도중에 물에 빠진 것과 같은 상태가 되므로 서양에서는 '온딘의 저주(온딘은 물의 정령)'라고 불리기도 한다.
전문적으로는 수면 중에 10초 이상의 호흡 정지가 시간당 30회 이상 일어나는 것으로 정의된다. 불면증을 호소하는 사람은 우선 이 증상이 있는지를 살펴봐야 한다.
특히 턱이 작거나 비만인 경우 수면 무호흡증일 확률이 높아진다.
또 평소에 가족들이 '코 고는 소리가 시끄럽다' 혹은 '자다가 숨을 안 쉴 때가 있다'고 얘기한다면 수면 무호흡증일 가능성이 크다.

수면 무호흡증에는 두 가지 타입이 있다.

- 중추형(뇌가 숨 쉬는 것을 잊어버려서 생긴다)
- 폐쇄형(아데노이드의 과대한 형성, 편도선 비대, 비만 등이 원인으로 마른 체형이더라도 턱이 비정상적으로 작으면 생길 수 있다)

치료법으로는 다음과 같은 것들이 있다.

- CPAP(씨팹)-(지속적 상기도 양압법으로 특수한 기기를 사용해 수면 중 호흡을 돕는 것으로, 의료기관의 전문 외래를 방문해야 한다)
- 마우스피스(혀가 목구멍 안쪽으로 밀려나지 않도록 보조한다)
- 다이어트(비만인 경우 체중을 줄인다)
- 옆으로 누워 자는 자세(잘 때 등뒤에 테니스공을 부착하는 등의 방법으로 강제적으로 옆으로 누워 자게 만든다)
- 수면제, 술 복용을 피한다(벤조디아제핀계열의 수면제와 술은 수면 무호흡증을 악화시킨다)
- 수술(특히 소아의 경우 기도에 문제가 있는 경우가 많아 기도를 넓혀주는 수술을 하기도 한다)

밤에 다리가 가려운 사람들 (하지불안 증후군)

밤에 잘 시간이 되면 다리가 근질근질해지며 가만히 있을 수가 없어 수면이 방해받는 장애로, 다리 가려움 증후군이라고도 한다. 영어로는 RLS(Restless legs syndrome)이다.

영향을 주는 것으로는 신부전, 철분 결핍, 임신, 노화 등이 있다.

수면장애를 호소하는 사람들 중에는 이 질환을 앓고 있는 사람이 적지 않을 텐데, 제대로 된 치료를 받지 못하는 경우도 많을 것이다. 개중에는 자신의 증상에 대해 '눈에 안 보이는 작은 벌레가 다리를 기어다닌다'고 생각해 피부 기생충 망상을 갖게 되는 경우도 있다.

또 하지불안 증후군과 함께 '주기성 사지운동장애(PLMD, Periodic limb movement disorder)'가 수반되는 경우도 많다.

주기성 사지운동장애는 수면 중에 발가락을 움찔하거나 다리를 걷어차거나 무릎을 굽혔다 펴는 등 주로 하지를 중심으로 하는 사지 운동의 반복이 수면 중에 30초 정도의 간격을 두고 주기적으로 반복되는 증상이다.

RLS도 PLMD도 치료법은 동일하다. 우선 철분 검사를 해서 철분이 부족하다면 철분제를 복용한다. 저녁 시간 이후로는 카페인 섭취도 제한한다.

그래도 증상이 지속되거나 철분과 관계없는 경우라면 파킨슨병의 치료제로 쓰이는 도파민 작용제를 투여해 본다.

또 추체외로 증상 중 하나인 아카티시아(Acathisia) 인 경우도 비슷한 증상이 나타난다. 하지만 이 경우는 항정신병약물의 부작용으로, 시간대도 밤이 아니라 아무 때나 상관없이 증상이 나타난다.

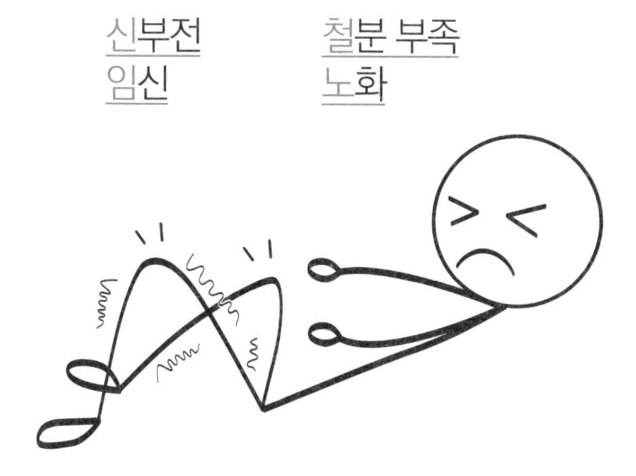

수면 시간이 서서히 늦어지는 사람들 (일주기 수면리듬장애)

일주기 수면리듬장애는 적절한 수면상태에서 하루를 주기로 생체리듬이 조금씩 어긋나는 것으로 '수면상 후퇴형'과 '수면상 전진형' 두 가지 패턴이 있다.

지금까지는 정상적으로 잠을 잘 자던 사람이 조금 늦잠을 자고, 그만큼 밤을 새는 생활을 하다 보니 늦게 일어나게 되고, 밤샘도 심해지고……하는 식으로 반복하다가 나중에는 아예 낮과 밤이 뒤바뀌게 되는 것이 수면상 후퇴형이다.

반대로 어느 날 아침에 조금 일찍 일어나게 되니까 그만큼 밤에 일찍 자게 되고, 다음 날은 더 일찍 눈이 떠지고..… 하는 식으로 밤낮이 뒤바뀌는 것이 수면상 전진형이다.

두 가지 모두 한 바퀴 돌아서 원위치로 돌아왔다가 다시 한 바퀴를 도는 식으로 반복된다.

두 가지 중에서도 특히 수면상 후퇴형인 환자가 불면을 강하게 호소하며 수면제를 찾곤 한다. 하지만 일주기 리듬이 무너져서 생기는 불면에는 벤조디아제핀 계열의 수면제가 기대한 만큼 잘 듣지 않는다.

원래 수면 호르몬이라 불리는 '멜라토닌'은 아침에 일어나 햇볕을 쬐면 억제되고 일정 시간이 지나서 밤이 되면 다시 뇌의 송과체(뇌 속에 위치해 있는 작은 내분비 기관으로 멜라토닌을 생성한다)에서 멜라토닌이 분비돼 졸음을 느끼게 되는데, 이렇게 인간의 생체리듬은 빛을 매개로 돌아간다.

이 생체시계가 조금씩 어긋나게 되는 것이 일주기 수면리듬 각성 장애이고, 특히 후퇴형은 아침에 햇볕을 쬐는 습관이 도움이 된다.

참고로 생리적인 수면시간은 노화와 함께 짧아지는 것이 정상인데, 그것을 억지로 '일찍 잠자리에 들어서 더 오래 자야지' 하면 수면상 전진형 장애가 될 수 있다.

수면 시간대가 서서히 어긋나기 시작한다

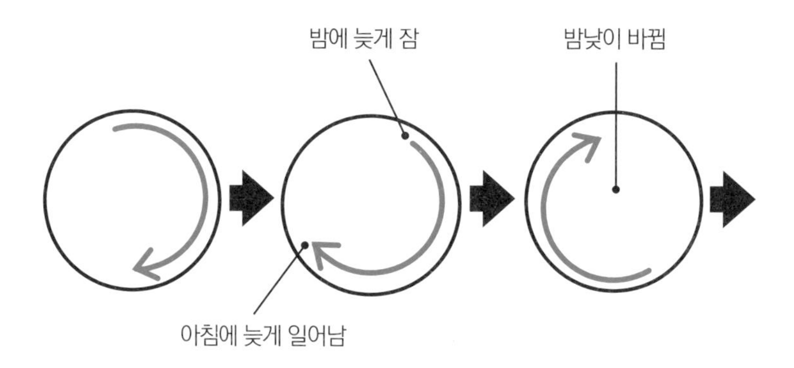

입원 중 갑자기 치매가 악화된 것으로 착각하는 사람들 (섬망)

섬망은 '주의력, 집중력 저하'와 '방향감각 상실'이 일어나는 의식장애로 수술이나 질병의 악화 등 몸에 이상이 있을 때 일어나기 쉽다. 사람, 시간, 장소 등을 알지 못하는 방향감각 장애 등 치매(인지증)와 비슷한 증상이 나타나지만 치매와는 전혀 다른 질환이다. 섬망이 나타나면 그로 인해 낙상 등의 사고 위험이 높아지고 병동 관리 부담이 증가한다는 점에서 의료현장에서는 예방과 조기 발견의 필요성이 강하게 인식되고 있다.

입원 중 갑자기 치매가 악화된 것으로 착각하는 사람들 (섬망)

'섬망'은 외부에 대한 의식이 흐려 환각과 망상을 일으키고 헛소리를 하며, 강한 흥분과 불안을 보이는 알코올성 정신장애이며, 심리적인 문제인 '심인성'이나 뇌의 이상으로 발생하는 '내인성'과는 달리, 신체적인 문제가 영향을 미치는 '외인성' 정신장애로 일종의 의식장애이다.
발병에는 '준비 요인', '직접 요인', '유발 요인'이 관여하며, 원인 자체인 직접 요인으로는 신체 질환, 수술, 약물 등을 들 수 있다. 구체적으로는 암, 신장질환, 간질환, 당뇨병 등이 진행됐을 때, 뇌혈관질환, 뇌종양, 뇌외상, 뇌 수막염 등이 나타날 때, 그리고 수술 후나 특정한 약물을 투여했을 때 생기기 쉽다.
섬망이 발생하기 쉬운 기저 요인으로는 고령, 치매, 과거 뇌 기질성 질환의 병력, 다량의 음주, 섬망의 병력 등을 들 수 있다. 섬망은 입원환자 중에서도 특히 고령인 환자에게 많이 나타나며 치매가 있는 경우 그 위험은 2배로 높아진다.
촉진 요인으로는 신체적 고통(불면, 전신통증, 변비, *요폐, 시력 저하 등), 정신적 고통(불안, 우울증 등), 환경적 변화(입원, 소음 등)가 있다.

*요폐(尿閉) :방광에 오줌이 괴어 있지만 배뇨하지 못하는 상태.

섬망 환자에게 일어나는 일과 힘든 점

섬망에는 '과활동성 섬망'과 '저활동성 섬망'이 있는데 의료 현장에서 특히 문제가 되는 것은 과활동성 섬망이다.

수술, 약물, 신체적인 질환의 영향으로 암환자에게 특히 섬망이 나타나기 쉬우므로 병동의 의사나 간호사는 주의를 기울여야 한다.

섬망의 구체적인 증상으로는 주로 다음과 같은 것들이 있다.

- 환각과 망상

사람의 모습이나 벌레가 보이는 등 환각이 나타날 수 있다.

- 지남력 상실

시간, 장소, 인물 등을 알아보는 능력(지남력)이 없어진다. 간호사를 자기 딸이라고 생각한다든지, 한밤중에 외출을 시도한다든지, 병원을 자기 집이라고 착각하기도 한다.

- 초조

안절부절못하며 안정감이 없어진다

- 수면-각성 리듬 장애

낮과 밤의 구분이 잘 안돼서 한밤중에 일어나 소란을 피우는 경우가 많다. '야간 섬망'이라고 불리며 의료 현장에서는 특히 간호사들이 이것 때문에 힘들어한다.

- 주의력과 집중력 저하

말을 걸어도 멍하니 반응이 없다. 예를 들어, '100에서 10을 빼면?' 하고 계산을 시켜도 답을 하지 못한다.

섬망으로 인한 지남력 장애를 확인하려면 '여기가 어딘지 아세요?', '지금이 몇 시인지 아세요?' 등을 물어본다.

섬망의 위험성

섬망이 발생하면 넘어져 다치는 등의 낙상 사고로 이어질 수 있고, 섬망으로 인해 적절한 치료를 받지 못하면 사망 위험도 높아진다. 결과적으로 환자의 입원 기간도 길어지고 당연히 간호사들의 병동 관리 부담이 늘어나는 등 섬망으로 인해 많은 문제가 일어나게 된다.

따라서 환자 본인이나 가족은 물론 의료진을 위해서도 섬망을 예방하는 것은 매우 중요하다.

하지만 그것이 그리 쉬운 것은 아니다.

예를 들어 링거나 배뇨관을 몸에 달고 있을 때는 섬망이 일어나기 쉬운 한 요인인데, 섬망이 일어나는 환자의 대부분은 수술 후에 위독한 상태라 치료를 위해서는 링거와 배뇨관을 계속 몸에 달고 지낼 수밖에 없기 때문이다.

병동 중에서도 특히 ICU(중환자실)에 입원해 있는 환자는 섬망의 위험도가 높아진다. ICU는 24시간 내내 환하게 조명이 밝혀져 있고 여러 기계음이 삑삑 계속해서 울린다. 그야말로 신체적 고통과 정신적 고통, 환경 변화 같은 섬망 촉진 요인들이 다 갖추어져 있는 셈이다.

약물 중에는 항콜린제, 벤조디아제핀 계열의 약들이 섬망을 일으킨다.

통증도 섬망을 일으키지만, 통증을 완화하기 위해 사용하는 오피오이드(opioid)가 섬망 위험을 더 높인다는 점도 주의할 필요가 있다. 여러 가지로 의료 현장에서는 어려운 대응을 해야 하는 상황이다.

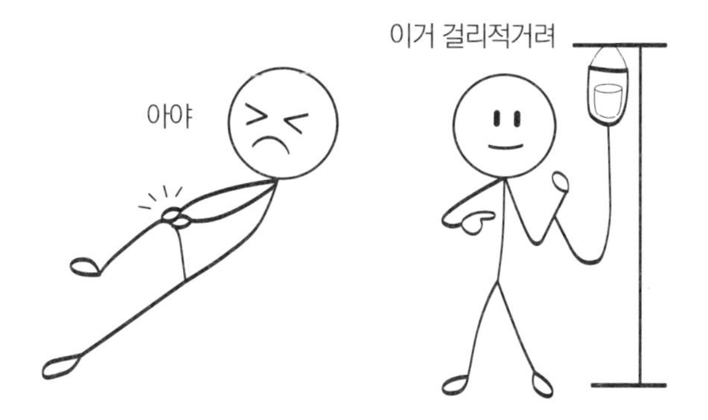

치매와 섬망의 차이점과 주의할 점

섬망은 일반적으로 입원환자 10명 중 1명, 고령의 입원환자 혹은 수술환자 2명 중 1명에게서 나타나는 것으로 흔히 볼 수 있는 장애라 할 수 있다.

하지만 섬망의 증상이란 것이 갑자기 이상한 말이나 행동이 나오기 때문에 가족들은 환자가 치매에 걸렸다고 걱정하는 경우가 많다.

치매는 서서히 진행되는 데 비해 섬망은 갑자기 나타난다. 또 섬망은 기본적으로 어느 정도 시간이 지나면 회복된다. 섬망을 예방하려면 섬망이 일어나는 원인을 제거하는 것이 중요하다. 예를 들어 벤조디아제핀 계열의 수면제 등 섬망의 원인이 될 수 있는 약은 최대한 줄이는 것이 좋다. 통증이 계속될 경우에는 가능한 통증을 조절해야 할 것이다.

낮과 밤의 리듬을 유지하기 위해 낮에는 깨어있도록 하고 창문으로 들어오는 햇볕을 쬐는 등 밝은 곳에서 지내는 것이 좋다. 가능하다면 가족들이 많이 면회하러 오는 것이 섬망 예방에 더 좋고 면회가 어려운 상황이라면 전화로 정기적으로 대화를 나누도록 한다. 눈에 잘 띄는 곳에 달력과 시계를 놔두는 것도 좋다.

멜라토닌 수용체 작용제(라멜테온), 오렉신 수용체 길항제(수보렉산트, 렘보렉산트)와 같은 수면제로 안정된 수면이 이루어지도록 하면 섬망을 줄일 수 있다.

일단 섬망이 일어나면 원인이 되는 신체적 문제를 개선하는 것이 가장 중요하다. 흥분을 동반하는 과활동성 섬망이라면 대증요법으로써 리스페리돈이나 쿠에티아핀, 할로페리돌 등의 항정신병약물을 통해 진정될 수 있다.

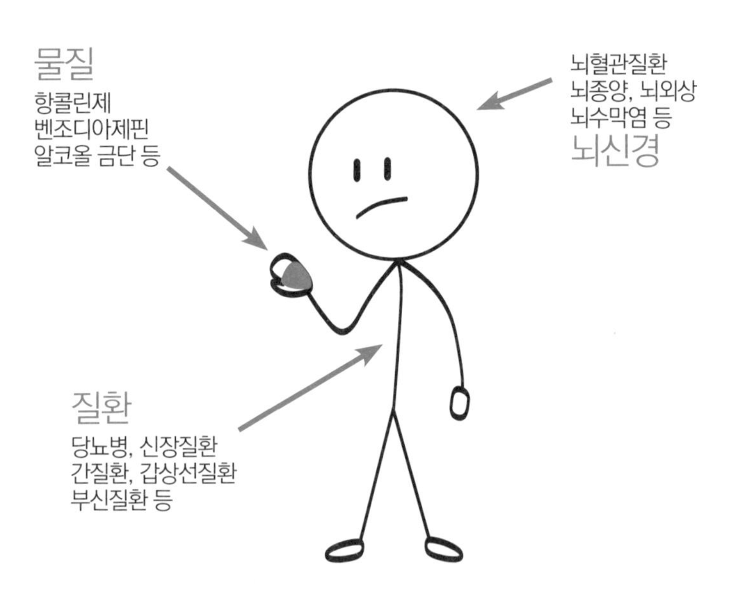

평소에 음주를 계속했던 사람이 입원으로 인해 갑자기 술을 끊으면 알코올 금단증상으로 섬망이 일어나기도 하는데, 이것은 금단증상으로 인한 손떨림 때문에 진전섬망(알코올 금단섬망)이라고 불린다. 치료와 예방을 위해서는 알코올과 마찬가지로 *GABA와 관계되는 벤조디아제핀 계열의 항불안제나 수면제를 사용한다.

---

*가바 GABA
gamma-aminobutyric acid(감마-아미노부티르산)의 약자. 흥분을 가라 앉히는 신경전달물질로 뇌의 기능을 활성화 한다.

사람을 의심하고 불신하는 사람들
(편집 – 망상성 인격장애)

감정 표현이 부족하여 고립되는 사람들
(분열성 인격장애)

갑자기 화를 내는 괴팍한 사람들
(조현성 인격장애)

나쁜 일을 반복하는 사람들
(반사회성 인격장애)

감정이 불안정한 사람들
(경계성 인격장애)

자신을 과대 평가하다 상처 받기 쉬운 사람들 (자기애성 인격장애)

남의 이목을 끌어야만 하는 사람들
(연극성 인격장애)

소심하고 불안하며
소극적인 사람들 (회피성 인격장애)

자신감이 너무 없어 남에게 의지하는 사람들 (의존성 인격장애)

사소한 일에 지나치게 집착하는 사람들 (강박성 인격장애)

인격장애는 크게 세 가지 군으로 나뉜다.

A군: 편집성, 분열성, 조현성

B군: 반사회성, 경계성, 자기애성, 연기성

C군: 회피성, 의존성, 강박성

인격장애 전반에 걸쳐 공통적인 것은 어느 한 시점에 발병한다기보다는 원래 가지고 있던 잠재된 기질 같은 것이 성인기 초기에 드러나게 되며, 단기간에 변하지 않고 일관된 경향을 보인다. 그 장애로 인해 환자 자신과 주위에 문제가 생길 때 장애로 분류된다. 인격장애 여부는 증상으로 진단이 이루어진다.

사람을 의심하고 불신하는 사람들
(편집 – 망상성 인격장애)

영어로는 'paranoid personality disorder'이며 타인을 시기하고 의심하는 편집성 인격장애이다. 흔히 망상성 인격장애라고도 한다. 인격장애의 3가지 유형 중 조현병과 깊이 연관되는 A군에 속한다.

큰 특징으로는 '타인에게 악의가 있다고 생각하는 경향'과 '극도의 불신과 의심이 많다'는 점을 들 수 있고, 원래 개념인 '파라노이드(편집성) 인격'으로 '정서적 흥분성'과 '불평이 많음'도 지적된다.

임상 현장에서는 편집성 인격장애로 진단하는 경우가 그리 많지 않은데, 미처 진단을 놓치는 경우가 상당히 많은 것으로 생각된다.

유병률은 3% 전후로 생각되며 여성보다 남성에서 더 많이 나타난다.

친족 중에 조현병 환자가 있거나, 가족 중에 피해형 편집장애가 있는 경우 비교적 많이 발병하므로 관련성이 지적된다.

편집성 인격장애 환자에게 일어나는 일들

다음 7가지 증상 중 4가지 이상이 충족되면 편집성(망상성) 인격장애로 진단된다.

1. 충분한 근거도 없는데도 '날 속이려 한다' '날 이용하려 한다' '나한테 해를 끼치려 한다'며 다른 사람을 의심한다.

"분명히 나한테 무슨 짓을 할 거야"라며 툭하면 남을 의심한다.

2. 친구나 동료의 성실성이나 신뢰성을 부당하게 의심하고 그 생각에 사로잡혀 있다.

주위 사람들 입장에서는 "지금 나조차 이렇게 의심하는 거야?" 라는 생각에 깜짝 놀라곤 한다.

3. 자신의 정보가 악용되는 것이 아닐까 하고 근거 없이 두려워한다.

정보가 악용될 것으로 의심하기 때문에 자신의 비밀에 관해 말하지 않는다.

타인을 의심한다

4. 악의가 없는 말에도 자신을 흉보거나 위협하려는 의미가 숨겨져 있다고 생각한다.

'그러니까 내가 바보라는 뜻이지?', '은근슬쩍 날 죽이겠다고 협박하는 거지?' 하는 식으로 나쁜 쪽으로만 생각한다.

5. 원한을 계속 품는다.

모욕을 당하고, 경멸 당하고, 상처를 받았다는 생각이 들면 상대를 절대 용서하지 않는다.

6. 자신의 성격이나 평판에 대해 다른 사람들이 공격한다고 느끼면 바로 화를 내거나 똑같이 공격한다.

상대는 그런 의도가 전혀 없고 알지 못하는 일임에도 혼자서 공격적인 반응을 보인다.

7. 배우자나 파트너의 성적인 성실성에 대해 이치에 맞지 않는 의심을 반복적으로 한다.

증거도 없는데 '바람 피웠지?' 하며 따진다.

치료하는 사람도 대응에 어려움을 느낀다

이러한 증상을 보이는 편집성 인격장애는 치료가 쉽지 않다.

조현병과 마찬가지로 항정신병약물이 효과가 있다는 연구 결과도 있으나, 편집성 인격장애 환자들은 의심이 강하기 때문에 연구하는 것이 쉽지 않아 충분한 연구가 이루어지지 않았다.

자신의 평가가 낮으면 의심이나 상처받는 데 대한 두려움, 누가 자신을 통제하지 않을까 하는 공포심이 강해지므로 자신에 대한 평가나 자존감을 높여주는 것이 효과가 있다. 이른바 정신분석학적인 접근보다는 현실적인 사회적 소통 문제를 다루는 것이 좋다.

이들과 대화할 때는 부주의하게 그들의 감정 상태나 성적인 주제와 같은 개인적인 영역에 깊이 들어가지 않도록 해야 한다. 너무 깊이 들어갔다가 환자가 치료자의 공감이나 인간적인 따뜻함을 느끼면 오히려 갈등과 혼란이 더 심해질 수도 있기 때문이다.

자신의 주장에 '진위'는 판단하지 않고 공유만 한다

편집성 인격장애의 치료를 적절히 진행하기 위해서는 환자 본인과 문제의식을 공유하는 것이 중요하다.

환자 본인이 우울증, 부적응, 대인관계 문제 등에 문제를 겪고 있고, 그것으로 인해 고통을 느끼고 있다는 점을 인정한 후, 유사한 문제가 여러 생활영역에서 반복되고 있다는 점을 짚어낸다.

본인의 생각에 대해 그렇게 생각하는 것도 충분히 이해가 간다는 식으로 일리가 있다는 것을 인정한다. 그러고 나서 일종의 '습관' 때문에 반복적으로 문제가 발생하여 환자 본인에게도 부담으로 작용하고 있다는 사실을 설명한다.

치료자는 환자의 주장에 '사실 여부'를 판단하지 않는 입장을 취해야 한다.

다만 '누가 맞고 틀리고를 떠나서 주위 사람들과 그렇게 의견이 다르면 트러블이 일어날 텐데……'라며 환자 본인이 '힘든 상태'에 놓일 거라는 것을 공유한다. 그런 전제 위에서 사회적인 소통 방법에 관해, 또 트러블을 피하는 방법에 관해 얘기하는 자세가 필요하다.

주위 사람의 작은 행동 하나도 환자의 불신감의 원인이 될 수 있으므로 뭔가 잘못됐다는 지적을 받으면 자신의 부족함을 인정하는 솔직함도 필요하다.

감정 표현이 부족하여 고립되는 사람들 (분열성 인격장애)

영어명은 'schizoid personality disorder'이며 스키조이드 인격장애라 부르기도 한다. 스키조이드란 '정신분열증과 같은'이라는 뜻이며, 의료계에서는 독일어에서 유래한 '시조이드' 라고 부르기도 한다.

인격장애의 3가지 분류 중 분열성과 관계되는 A군에 속한다.

단, 환청이나 망상은 없고 '사회적 고립', '히키코모리(은둔형 외톨이)', '감정표현 부족'과 같은 조현병의 음성증상을 중심으로 한 성격이다.

유병률은 3~4%이며 여성보다 남성에게서 장애가 더 심하게 나타나는 것으로 알려져 있다. 대부분 성인기 초기에 증상이 나타나기 시작해서 거의 변화 없이 지속되는 경우가 많다.

기본적으로 환자 본인이 조현성 인격장애를 자각하고 의료기관을 찾는 경우는 많지 않다. 따라서 약물 등의 치료법도 체계화되어 있지 않고 임상 현장에서도 그 환자의 특성 정도로 여기는 경우가 많은 것이 현실이다.

분열성 인격장애 환자들에게 일어나는 일

DSM-5는 '사회적 고립'과 '감정표현 부족'을 중심으로 한 진단기준이 있다.

구체적으로는 다음과 같은 7가지 증상 중 4개 이상이 해당되면 분열성 인격장애라고 진단이 내려진다.

1. 가족도 포함해 친밀한 관계를 원하지 않는다.

가족이라 할지라도 친밀한 관계를 원하지 않고, 또 친밀한 관계를 즐기지도 않는다. 애초에 타인과 친해지고 싶다거나 친구가 있으면 좋겠다는 생각 자체가 없다.

2. 거의 항상 고립된 행동을 원한다.

다른 사람과 함께 행동하려고 하지 않는다.

3. 부모나 형제자매를 제외하고는 아무도 신뢰하는 사람이 없다.

부모와 형제자매 외에는 누구도 믿지 않는다. 애초에 친구 따위 필요 없다고 생각한다.

4. 성적인 체험에 관심이 없다.

있다 해도 매우 적고, 애인을 원하지도 않는다.

5. 즐거움을 느끼는 활동이 없다.

그런 활동이 있더라도 매우 미미하며 무언가를 즐긴다는 개념 자체가 없다.

6. 정서적 냉담함, 무미건조한 감정, 이별

주변 사물이나 사람에 대한 감정이 결여돼 있다.

7. 칭찬이나 비판에 무관심한 것처럼 보인다.

진심으로 무관심한 것인지는 모르지만, 칭찬을 받아도 비난을 받아도 감정적으로 동요하는 모습을 전혀 보이지 않는다.

칭찬이나 비판에 무관심한 것처럼 보인다

뭔가를 즐기고 싶지 않다

갑자기 화를 내는 괴팍한 사람들
(조현성 인격장애)

인격장애의 3가지 분류 중 조현병과 관련이 깊은 A군에 속한다.
조현성 인격장애는 조현병까지 가지는 않지만, 그에 아주 가까운 증상을 나타내는 장애이다.
유병률은 4% 전후이며 여성보다 남성이 약간 더 많다. 친족 중에 조현병 환자가 있으면 발현 확률이 올라간다.
큰 특징은 두 가지가 있는데, 하나는 친밀한 관계에서도 갑자기 변덕스러워진다는 것, 즉 방금 전까지 친절하게 대해주던 사람이 갑자기 화를 내는 것이다.
또 하나는 인지적, 지각적인 왜곡, 기이한 행동을 하는 것이다. 즉 주위 사람들이 봤을 때 외모나 행동이 '이상하다'는 느낌을 받는다.
항정신병약물이 효과가 있었다는 연구도 있으나 아직 확실하게 밝혀진 바는 없다.

조현성 인격장애 환자들을 괴롭히는 증상

다음 9가지 증상 중 5가지 이상이 해당되면 조현성 인격장애라고 진단이 내려진다.

1. 관계 염려(관계 망상은 포함되지 않음)

주위의 사물을 자신과 연관 짓는 생각을 하게 된다. 그렇게 확신하는 관계 망상까지는 이르지 않지만 순간 순간 그런 생각이 든다.

2. 기이한 신념, 마술적 사고

미신을 믿는다든가, 투시력, 텔레파시, 육감 등을 믿으며 그것이 환자 본인의 행동에 영향을 미친다. 어린아이나 청소년의 경우 기이한 공상이나 착각에 지배되는 경향이 있다.

3. 비정상적인 지각 체험

신체적 착각 등 이상한 경험이나 감각이 있다.

4. 기이한 사고방식과 말투

조현병 증상인 '연상이완(관련이 없는데도 연상 사고를 함)'까지는 아니

지만 사고방식이나 말투에 일관성이 결여돼 있다. 주변 사람들에게 모호하다, 에둘러 말한다, 추상적이다, 항상 같은 말을 반복한다, 자잘한 것에 집착한다는 인상을 받는다.

5. 의심이 많거나 망상적 사고를 함

2차적 망상(다른 경험에서 유추적으로 발생하는 것)에 사로잡힌다. 주위에서 보기에는 '그래, 그런 상황이라면 그렇게 생각할 수도 있겠지'라는 정도의 수준일 경우가 많다.

6. 부적절한 감정 또는 위축된 감정

모두 슬퍼하는 곳에서 즐거워한다든지 반대로 즐거워야 할 장소에서는 슬퍼한다. 또는 감정의 폭이 좁아진다.

7. 기묘하고 독특한 혹은 특이한 외모나 행동

옷차림이나 행동이 일반적인 사람들과는 다른 경우가 많다.

8. 직계 가족 외에는 신뢰할 수 있는 친한 사람이 없다.

부모나 형제자매 등 가족을 제외하면 친한 사람이 거의 없다.

9. 사회 불안

사회불안증인 경우 '나는 못난 사람이 아닐까?' 하는 자기비하의 마음이 밑바닥에 깔려 있지만 조현성 인격장애는 '다들 어차피 날 무시할 거야' 라는 식으로 망상적 공포감을 동반한다. 차차 익숙해지거나 나아지는 경우는 없다.

나쁜 일을 반복하는 사람들
(반사회성 인격장애)

영어명은 'antisocial personality disorder'이다. 인격장애의 3가지 분류 중 문제를 일으키기 쉬운 성격장애 군이며 B군에 속한다.

반사회적 인격장애를 치료하는 약은 없고 정신과의 치료 대상도 아니지만, 애초에 본인이 스스로 치료를 위해 의료기관을 찾는 경우도 드물다. 가끔 환자의 문제행동 때문에 곤란을 겪는 가족이 환자를 의료기관에 데리고 오는 경우, 수면제나 항우울제 등 처방 약을 남용할 목적으로 병원을 찾는 경우는 있을 수 있다. 일반적으로 의료진이 이런 환자와 맞닥뜨리는 일은 교도소 내부에 있는 병원이나 범죄와 관련된 정신감정을 해야 할 때일 것이다. 사이코패스와 관련지어 이야기되기도 한다. 반사회적 인격장애가 행동적 측면에 중점을 두고 정의되는 반면, 사이코패스는 내면에 중점을 두고 정의된다. 하지만 두 가지가 같은 것을 가리키는 것은 맞지만, 반사회적 인격장애 중에서도 더 무거운 핵심 존재가 사이코패스라고 할 수 있을 것이다.

'반사회적 인격장애' 환자들에게 일어나는 일

전문적으로는 다음 7가지 증상 중 3가지 이상에 해당하면 반사회적 인격장애라고 진단이 내려진다.

1. 법적, 사회적 규범을 따르지 않는다.

규칙이나 법 등을 지키려 하지 않고 경찰에 체포될 만한 행동을 반복한다.

2. 허위성

계속해서 거짓말을 하거나 가명을 쓰거나 자신의 이익과 쾌락을 위해 남을 속인다.

3. 미래에 관한 계획이 없고 충동적

참고 견뎌야 하는 일이나 꾸준하게 해야 하는 작업을 싫어한다. '이런 걸 어떻게 해', '다 때려 칠 거야'라며 내던져 버린다. 학생일 경우 퇴학을 당하기도 한다.

4. 짜증, 공격성

폭력적인 싸움을 하거나 묻지 마 폭력을 휘두르기도 한다.

5. 자신의 안전은 물론 타인의 안전도 생각하지 않는 무모함

상대방이 '너무 위험하잖아', '하마터면 죽을 뻔 했어'라고 말하는 무서운 상황에 대해서도 '별거 아니지 않느냐'라는 태도를 보인다.

6. 일관된 무책임

직장에서 어느 날 갑자기 사라지거나, 지불해야 할 돈을 지불하지 않는 등 계속해서 무책임한 행동을 한다.

7. 양심의 가책 결여

남에게 상처를 주거나 괴롭히거나 남의 물건을 훔치고서도 아무렇지도 않다. 혹은 '속는 놈이 바보지'라며 자신을 정당화한다.

'사이코패스'란?

기본적으로 정신과 의사가 사이코패스를 다루는 경우는 거의 없다. 사이코패스는 질병이 아니라 인격 성향 혹은 기질이지 의료 대상이 아니기 때문이다.

사이코패스 여부를 판단하기 위한 체크리스트(PCL 심리검사)에 따르면 사이코패스는 다음과 같은 특징을 갖는다.

[대인 관계적 특징]

- 피상적인 매력

  겉모습은 매력적일 수 있다.

- 오만한 자기의식

  사람을 이용하는 데 아무 주저함이 없다.

- 타인 조종 / 가스라이팅

  남을 조종하거나 잘 구슬린다.

- 병적인 허언증

  거짓말에 거짓말을 거듭한다.

- 혼인 관계가 단기간에 파탄

  결혼해도 오래가지 못한다.

[정서적 특징]

- 양심의 가책이나 죄책감 결여

  규칙을 어기거나 남에게 상처를 주는 일을 주저하지 않는다.

• 얄팍한 정서

감정은 있지만 깊이가 없다.

• 자신의 행동에 책임을 느끼지 않는다

법이나 지불 책임을 아무렇지 않게 무시한다.

• 공감 능력이 결여되고 냉담하다

공감하고 있는 척은 할 수 있지만 진심으로 반응하지는 않는다.

[생활 양식의 특징]

• 행동 통제력 결여

상황에 맞춰 자신을 컨트롤하는 것이 불가능하다.

• 충동성

폭력, 절도 등을 저지르기 쉽다.

• 자극 추구성

위험한 자극을 쫓는다.

• 현실적, 장기적 목표 결여

지금 이 순간만을 위해 찰나적으로 산다.

• 무책임성

책임감이라는 것을 전혀 느끼지 않는다.

• 기생적인 라이프스타일

누군가를 이용하면서 살아간다.

• 반사회성

어린 시절 등 일찍부터 반사회적인 성향이 보인다.

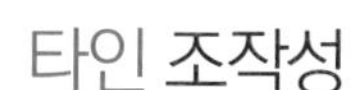

이런 특징을 가진 사이코패스에 대해 부모의 양육 방식 등이 거론되기도 하지만 사이코패스는 그런 이차적인 요소와는 거의 관계가 없다. 부모의 양육 방식이 영향을 미치는 이차적인 사이코패스는 소시오패스라고 불리기도 한다. 사이코패스의 본질적인 원인으로는 뇌의 특성이 지적되는데, 편도체가 작고 세로토닌과 도파민이 과잉 상태라고 한다. 즉 태어난 후에 사이코패스가 되는 것이 아니라 사이코패스로 태어나는 것이다.

뇌의 편도체는 불안을 느끼는 부위이다. 그런 편도체의 크기가 작고 세로토닌과 도파민이 많이 분비되면 원래부터 불안과 공포를 남보다 덜 느끼고 자극은 더 많이 추구하게 된다. 아이들은 보통 부모나 학교 선생님에게 혼날까 무서워 부적절한 일을 하지 않게 되는데, 사이코패스는 그런 공포심이 결여돼 있어 정서적 학습이 이루어지기 힘들다.

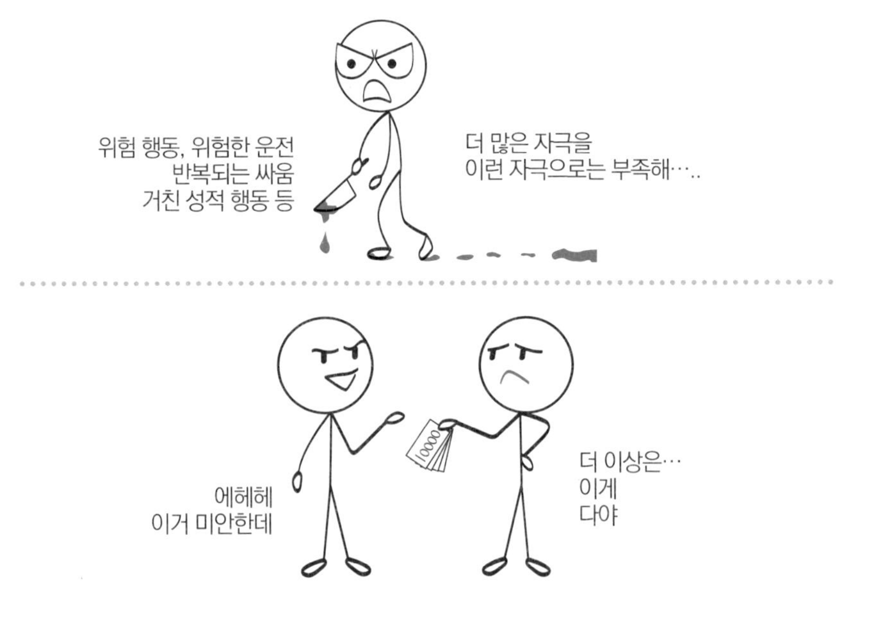

사이코패스에게는 사람의 손이 잘려서 피투성이가 된 채 나뒹구는 것이나 길거리의 돌멩이가 굴러다니는 것이나 똑같은 '물건'에 지나지 않는다. 또 슬퍼하거나 괴로워하는 사람을 봐도 자율신경의 반응이 나타나지 않는다. 이렇게 사이코패스는 인간으로서 정서가 결여돼 있는데, 그 위에 성장하면서 얻은 지식만이 축적된다. 예를 들어 '이런 할머니를 때리는 것은 불쌍해서 안 된다'는 감정은 없고, 단순히 '이 할머니를 때리고 지갑을 뺏으면 내게 돈이 들어온다'는 것만이 학습된다. 그래서 사이코패스들은 범죄 성향이 강해지는 것이다.

한편 범죄와는 무관하게 오히려 사회적으로 활약을 하는 사이코패스도 있다. 대인 관계적 특징과 정서적 특징은 가지고 있지만 생활양식의 특징이 나타나지 않는 사이코패스들이 있는데, 그런 사람들을 '화이트칼라 사이코패스'라고 부른다. 매력적인 외모, 자신감 넘치는 태도를 지녔으며 사람을 잘 다스리는 데 능숙하면서도 필요가 없어지면 냉담하게 잘라내기도 하는 사람들…….

정치가나 경영자, 외과의사, 경찰, 변호사 등 성공한 사람들 중에는 사이코패스가 많다고 한다.

감정이 불안정한 사람들
(경계성 인격장애)

영문 명은 'borderline personality disorder'이다. 인격장애의 3가지 분류 중에 트러블을 많이 일으키는 B군에 속한다.

이 명칭 때문에 자해를 하는 사람들을 '보더Border 경계인)' 라고 가볍게 부르는 경향이 있다. 하지만 경계성 인격장애의 경우 만성적인 죽음에 대한 두려움을 가지고 있고, 실제로 죽음에 이를 가능성도 높기 때문에 주변에서 올바른 인식이 필요하다.

경계성 인격장애의 증상은 다른 정신장애, 특히 양극성 장애와 겹치는 부분이 있으므로 세밀한 감별이 필수적이다.

'경계성 인격장애' 환자들을 괴롭히는 증상

경계성 인격장애는 다음 9가지 증상 중 5가지 이상이 젊은 시절부터 장기간에 걸쳐 지속될 때 진단이 내려진다.

1. 버림받는다는 불안감

상대방에게 버림받지 않기 위해 가식적인 행동을 한다. 쓸데없이 선물을 주거나 수시로 메시지를 보내는 것은 물론 때로는 원치 않는 성관계에 응하기도 한다. 상대방을 붙잡아두기 위해 자살을 암시하거나 자해 행동을 하기도 한다.

2. 정서적 불안정

현저한 기분 반응성에 의한 정서적 불안정성을 보인다. 하루 단위, 혹은 시간 단위로 기분이 오락가락하고, 즐거워하다가도 어느새 짜증을 내거나 화를 내고 우울해하거나 불안을 느끼는 등 감정 기복이 심하다. 많은 경우

대인관계의 스트레스로 인해 극단적인 반응을 보이기도 한다.

3. 매우 불안정한 대인관계

사람에 대한 호불호가 심해 좋아하는 사람과 싫어하는 사람을 극명하게 나눈다. 또 같은 사람에 대해 어느 때는 추앙하며 친하게 지내다가 갑자기 심하게 깎아 내리기도 한다. 이것은 사람의 어떤 한 면만을 보고 그때그때의 기분에 따라 그 사람을 평가하기 때문에 일어나는 현상이다. 따라서 인간관계가 오래 지속되지 않고, 오래 가는 사이에서도 갈등이 끊이지 않는다.

4. 정체성 장애

목표나 가치기준 등이 불안정하고 수시로 바뀐다. 예를 들어 직업 선택에 있어서도 '나는 꽃을 좋아하니까 꽃집을 해야지' 하다가 갑자기 '역시 자격증이 제일이니까 간호사가 될래', '돈 벌려면 술장사가 최고야' 하는 식으로 계속해서 목표가 바뀌고 일관성이 없다.

5. 공허감

만성적인 공허함을 안고 산다. 그다지 눈에 띄는 증상은 아니라 주변에서 알아차리기 힘들지만 본인은 오랫동안 이로 인해 괴로워한다. '우울증'이 아닌가 하고 병원을 찾는 사람도 있다.

6. 충동성

낭비, 성행위, 약물남용, 난폭운전, 과식 등 자기 자신을 소중히 여기지 않고 자신을 해치는 충동적인 행동을 한다. 술을 마시고 길 가다 만난 사람과 성관계를 갖는다든지 도박에 빠진다든지 알코올이나 약물에 중독된다든지 원하는 것은 뭐든지 다 사는 등 '난 어떻게 되든 상관없어'라며 충동적인 행동을 한다.

7. 분노조절 장애, 부적절한 분노

다양한 상황에서 사소한 일에도 불같이 화를 낸다. 주변 사람들도 당황하지만, 환자 본인도 나중에 억제하지 못한 것을 후회한다.

8. 자살 관련 행위, 자해

'죽을 거야'라고 주변 사람들에게 엄포를 놓거나 자해 시도를 하고 손목을 긋는 등의 행위를 반복한다. 대부분은 미수에 그치지만 경계성 인격장애 환자의 8~10% 정도는 실제로 자살로 목숨을 잃는다. 남들이 자기를 멀리한다는 생각이 들거나 책임이 무거워지거나 하는 심리적 스트레스가 커지면 특히 이런 증상이 더 많이 나타나는데, 나타나는 상황은 환자에 따라 천차만별이다. 이런 상황에서 해리(자신의 한 부분이 분리되는) 상태로 자살을 시도하는 케이스도 있다.

9. 망상적 관념과 해리증상

상황이나 기분과 관련된 망상을 일시적으로 하기도 한다. 해리증상으로는 현실감이 희미해지거나 육체가 분리되듯 외부환경이 이상하게 느껴지고 기억이 흐릿해지기도 한다.

의료 현장의 대응

경계성 인격장애는 약물치료의 대상이 아니다. 증상에 따라 몇몇 약을 쓰기도 하지만 약의 효과를 너무 기대하는 것은 금물이며, 충동적으로 약을 한꺼번에 복용하는 것은 위험하므로 주의해야 한다.

좀 더 안정된 생활을 위해 정신과 전문의에 의한 정신치료나 심리 상담사에 의한 상담이 이루어진다.

평소부터 환자 본인이 과도하게 부정적인 기분이 든다거나 격렬한 반응의 발생 가능성에 대해 평소에 스스로 알아차리는 능력을 키우고, 그와 더불어 부정적인 감정에 대한 대처 능력을 높이는 것이 중요하다.

자신을 과대평가하다 상처 받기 쉬운 사람들 (자기애성 인격장애)

자기애성 인격장애(narcissistic personality disorder)는 인격장애의 3가지 분류 중 트러블이 많은 B군에 속한다.
특권의식을 전면에 내세우며 잘난 척하는 '과도한 자기애 경향'과 남의 비판에 상처받기 쉬운 '과민형 자기애 경향'이 있다.
50~75%가 남성이다.
처음부터 자기애성 인격장애 때문에 의료기관을 찾는 사람은 거의 없고, 자기애가 상처받았을 때 우울증이나 억누르기 힘든 분노 등으로 괴로워하다 의료기관에 오는 것이 일반적이다.
약물치료의 대상은 아니지만 우울증 등의 대증요법으로 약물치료를 시도할 수는 있다. 단 자기애성 인격장애로 인한 우울증이라면 약으로 효과를 볼 수 있을지는 확실치 않다.

'자기애성 인격장애' 환자들에게 일어나는 일

다음 9가지 증상 중 5가지 이상에 해당되면 자기애성 인격장애라고 진단이 내려진다.

1. 자신이 중요한 존재라는 과대망상

자신의 실적이나 재능을 과장하기도 하고 주변 사람들이 '대단해'라고 칭찬해 주기를 기대한다.

2. 현실보다 개념에 집착한다.

성공, 권력, 재능, 아름다움, 이상적인 사랑 등 환상에 사로잡혀 산다.

3. 나는 특별하고 독특하니까… 라는 자기 평가

특별한 사람이나 지위가 높은 사람이 아니면 자신을 이해할 수 없고, 자신은 특별한 사람이나 지위가 높은 사람하고만 관계를 유지해야 한다고 생각한다. '일반인들의 잣대로는 날 이해할 수 없지', '프로 축구팀이라면 내 실력을 알아줄 거야' 하는 식이다.

4. 과도한 찬사를 원한다.

자신을 찬미해 주기를 원한다.

5. 특권의식

자신에게 특별 대우를 해 줄 것, 혹은 자신이 원하기만 하면 상대가 저절로 따를 것으로 기대한다. '난 얼굴만 보여주면 프리 패스지', '말 안 해도 알지?' 라는 말을 한다.

6. 타인을 부당하게 이용한다.

자신의 목적 달성을 위해 타인을 이용하는 데 주저함이 없다.

['질투'라는 말에 민감하다]

내가 더 대단한데

날 질투하는구나

과도한 찬사를 원한다

오만하고
잘난 척 하는 태도

공감 결여

7. 공감 결여

타인의 감정이나 무엇을 원하는지를 알려고도 하지 않고 살피지도 않는다. 자신의 기분에만 모든 관심이 쏠려있어 다른 사람들이 무슨 생각을 하는지, 무엇을 원하는지, 관심도 없고 궁금하지도 않다.

8. 남을 질투하거나 아니면 남이 자신을 질투한다고 생각한다.

'내가 더 대단한데'라며 남을 질투하거나 '다들 날 질투해'라고 생각하는 등 '질투'라는 말 자체에 민감하다.

9. 오만하고 거만한 태도

매우 잘난 척한다.

이런 증상을 보이지만 자기애성 인격장애 환자의 자신감은 현실에 뿌리를 두지 않고 기대가 선행된 환상적인 것이다. 따라서 자신이 스스로 내리는 평가보다 항상 더 낮은 평가를 받게 되고, 원래부터 예민하고 상처 입기 쉽기 때문에 비판 받거나 좌절하면 자존심이 상처를 입게 되고 강한 스트레스를 받는다.

이럴 때 극도로 분노하며 '저따위 능력 없는 녀석이 날 어떻게 이해하겠어?' 하며 상대방을 경멸하는 공격성을 보인다.

치료하는 측도 대응에 어려움을 겪는다

자기애성 인격장애 환자가 의료기관을 찾는 것은 자신이 인격장애가 있다고 생각해서가 아니다. 단지 자신의 자기애가 상처를 입어서 그 결과 찾아온 우울증이라든지 억누를 수 없는 분노 때문에 의료기관을 찾는 것이다.

따라서 약으로 잘 낫지 않는 우울증이나 반복해서 일어나는 우울증 원인이 다름 아닌 자기애성 인격장애 때문에 생겼다는 것을 설명해 줘야 한다.

이런 환자들은 자신이 비판 받고 있다는 느낌이 들면 치료를 중단할 수도 있어 환자 본인이 받아들일 수 있는 범위 안에서 조금씩 진단을 공유할 필요가 있다.

또 이런 환자들은 특별 대우를 요구하는 일도 있다. 의료 관계자에게 '선생님이 최고'라고 이상적인 존재로 추켜세우는 경우도 있고 반대로 '당신은 아무것도 몰라' 하며 비난하는 경우도 있는데 이런 태도에 일일이 반응하지 말고 적당히 맞장구를 쳐 주면서 진료해 나가야 한다.

남의 이목을 끌어야만 하는 사람들 (연극성 인격장애)

'연극성 인격장애'는 인격장애의 3가지 분류 중 문제가 많은 B군에 속한다. 주변 사람들의 관심을 끌어야만 직성이 풀리는 장애로 과도하고 부자연스러운 행동을 하기 때문에 인간관계가 원만하지 않다.
유병률은 2%가 약간 안 되는 수준이니 50명에 한 1명 꼴이라고 생각하면 될 것이다. 남녀 차이는 보이지 않는다.
어느 시점에 성격이 바뀌는 것이 아니라 젊을 때부터 지속적으로 증상이 나타나는 것으로, 성인 초기에 증상이 나타나기 시작한다.
본인은 환각, 시각적 이미지의 자극을 호소하지만 약물 치료의 대상은 아니다.
직관적이고 충동적인 대인관계가 어느 정도 안정되면 점차 자신의 내적 경험이나 외적 경험, 과거의 경험 등에 대해 현실에 부합하는 형태로 말할 수 있게 된다. '나는 비극적인 희생양이다'라는 식의 수동적인 형태가 아니라 '내가 내 인생의 주인공이다'라는 식으로 세상에 대해 능동적이고 주체성을 가질 수 있도록 하는 것이 매우 중요하다.

'연극성 인격장애'를 가진 사람들에게 일어나는 일들

다음 8가지 증상 중 5가지 이상에 해당되면 연극성 인격장애라고 진단이 내려진다.

1. 관심의 대상이 되지 않으면 즐겁지 않다.

관심을 받고 싶어서 만난 사람에게 열정적인 행동을 한다거나 애교를 부리기도 한다. 자신에게 관심을 갖도록 하기 위해 거짓말을 하거나 소란을 피우는 등 극적인 행동을 하는 경향이 있다.

2. 부적절한 교류

타인과의 교류에서 종종 부적절할 정도로 성적인 유혹을 하거나 도발적인 행동을 보이기도 한다.

3. 외모의 부적절한 이용(신조어로 '관종'으로 불림)

타인의 관심을 끌기 위해 신체적 외모를 이용한다. 자신의 외모를 타인에게 잘 보이고자 하는 욕망이 강하고 옷차림이나 화장 등에 많은 노력과 비용을 병적으로 투자한다.

4. 얄팍하고 빠르게 변화하는 감정 표출

웃고 있나 했는데 갑자기 화를 내거나 슬퍼한다. 그런 모습이 매우 연극적이라 주위 사람들은 '또 시작이군'이라고 생각하기 쉽다.

5. 얄팍하고 과장된 말투

지나치게 교양 있는 척하는 말투를 사용하지만 이야기의 내용은 별 것이 없다.

6. 자기 연극화

연극적인 태도와 과장된 감정 표현을 한다. 아는 사이인데도 갑자기 끌어안거나 악수를 한다든지, 만나서 너무나 감격스럽다는 식으로 과장된 리액션을 취한다.

7. 피 암시적 경향

타인이나 환경, 유행의 영향을 쉽게 받고, 남의 말을 금세 믿는 경향이 있다. 감정뿐만 아니라 자신의 생각이나 의견도 그런 식으로 남의 말에 좌우된다.

8. 대인관계에 대한 잘못된 평가

어떤 사람과의 관계를 실제보다 더 친밀한 것으로 착각한다. 금방 '저 사람과 나는 절친이야'라는 말을 한다.

연극성 인격장애를 가진 사람은 다른 사람들이 '내 마음을 잘 헤아려 주고, 너그럽게 이해해 줄 거야'라는 환상과 기대를 가지고 있다.

따라서 '내가 어떻게 네 마음을 알 수 있겠어'라는 자세로, 그 사람 자신의 감정과 생각 등에 대해 '행동이 아니라 말로 표현하는 것이 중요하다'는 것을 반복적으로 알려 줄 필요가 있다.

소심하고 불안하며 소극적인 사람들 (회피성 인격장애)

회피성 인격장애는 인격장애의 3가지 분류 중 불안에 관계되는 C군에 속한다.

유병률은 2.4%로 결코 희귀한 장애가 아니고 남녀 비율도 거의 반반이다.

'회피성'이라고 해서 '이것도 싫고 저것도 싫다'라며 여러 가지를 싫어하고 피한다는 인상을 받을 수 있지만 그런 것이 아니고, 불안감에 휩싸여서 지나치게 소극적인 자세를 가지게 되는 장애이다.

회피성 인격장애는 사회불안장애와 깊은 관련이 있기 때문에 예전에는 사회불안장애가 심해지면 나타나는 증상이 회피성 인격장애라고 생각하는 사람들도 있었다.

사회생활에 어려움을 겪고, 우울증이나 적응장애를 앓고 있는 배경에 회피성 인격장애가 있는 경우도 많다.

'회피성 인격장애' 환자에게 일어나는 일들

다음 7가지를 주요 증상으로 들 수 있으며 그중 네 가지 이상에 해당되면 회피성 인격장애라고 진단이 내려진다.

1. 비판, 비난, 거절에 대한 두려움으로 중요한 대인 접촉이 있는 직업 활동을 하지 못한다

중요한 일을 맡게 될 것 같으면 '실패하면 무슨 말을 들을까?' 등의 생각을 하게 된다. 그래서 승진도 하고 싶지 않다..

2. 상대가 정말로 자신을 좋아한다는 확신이 없으면 관계를 맺으려 하지 않는다.

'저 사람은 속으로는 나를 안 좋아할지도 몰라….'라고 걱정하며 친구 사귀는데 어려움이 생긴다. 좋아하는 이성에게 고백하는 일은 더더욱 어려운 일이 된다.

3. 창피를 당하는 것, 비웃음을 사는 것이 두려워 친밀한 관계에서도 주저하기 쉽다.

어떤 사안에 대해 '어떻게 생각해?' 등의 질문을 받아도 자기주장을 하지 못하고 "네 말이 맞는 것 같아. 난 특별한 의견이 없어"라고 소극적으로 동조한다.

4. 사회적인 상황에서 비판이나 거절당하는 것을 두려워한다.

남과 얘기하고 있을 때 머릿속에 '아니라고 하면 어쩌지?', '날 싫어할지도 몰라' 하는 생각으로 가득 차 있다.

5. 자기 비하 때문에 새로운 대인관계 상황에서 자신을 억제하게 된다.

'나 같은 건 쓸모없는 인간이니까'라고 생각하며 '내 얘기를 들어줄 리가 없으니 말하지 말자'라며 스스로 억누르기 쉽다.

친한 관계에서도 소극적으로 대한다

6. 자신은 사회적으로 부적절하고, 인간으로서 장점이 없으며, 다른 사람보다 열등하다고 생각한다.

'내가 그렇지 뭐'라는 생각이 항상 머릿속에 있다.

7. 창피당하는 것이 두려워 위험을 무릅쓰는 일이나 새로운 활동을 시작하는 것에 비정상적일 정도로 소극적이 된다.

'망신당하면 어쩌지?', '실패할지도 모르는데…' 하는 생각이 들어 새로운 일을 시도하지 못하고 항상 같은 방식으로 삶을 계속 이어간다.

이렇게 '바보 취급 당할까 봐', '비웃음을 살까 봐' 끊임없이 두려워하는 회피성 인격장애 환자에게는 주위 사람들이 비난한다는 느낌을 주지 않도록 조심해야 한다.

그 사람이 무언가에 대해 불안해하거나 회피하는 것은 주변에서 볼 때 이상하거나 우스운 일이 아니라 자연스러운 일이라고 알려주고, '그렇게 신경 쓰지 않는 편이 주위 사람들과 잘 어울릴 수 있다'라고 조언해 주는 것이 좋을 것이다.

취업을 하려고 할 때는 너무 회피만 하지 말고, 과도한 부담이 되지 않는 범위에서 생각해 보도록 하자. 실패는 되도록 하지 않는 것이 좋겠지만 도전하는 것은 필요하므로 주변에서도 그렇게 하도록 도와주어야 한다.

자신감이 너무 없어 남에게 의지하는 사람들 (의존성 인격장애)

'의존성 인격장애'는 자신감이 너무 없어 항상 불안하고 무슨 일이든 남에게 의지할 수밖에 없는 장애이다.

인격장애의 3가지 분류 중 불안과 관련되는 C군에 속한다.

'의존성'이라는 단어를 쓰지만 '의존증'과는 다른 것이다. 예를 들어 알코올 의존증의 발병률은(조현형 인격장애를 제외하면) 다른 인격장애보다 낮은 편이다. 의존성 인격장애는 의존증보다 오히려 불안증과 깊은 관련이 있는 장애이다.

약물치료의 대상이 아니라 정신치료나 심리치료가 이루어져야 한다. 단 우울증이나 불안증이 동반될 경우 항우울제를 사용하기도 한다.

'의존성 인격장애'를 가진 사람들에게 일어나는 일

다음과 같은 8가지 증상 중 5가지 이상에 해당되면 의존성 인격장애라고 진단이 내려진다.

1. 누군가의 조언이나 보증을 받지 않으면 일상적인 일조차 스스로 결정하지 못한다.

항상 '어떻게 하지?'라며 남에게 물어보고 불안에 떤다.

2. 누군가가 책임져주지 않으면 거의 아무것도 할 수 없다.

'내가 책임질 테니까 해 봐'라고 등을 떠밀어주지 않으면 자신이 책임을 지고 일을 처리하지 못한다.

3. 지지나 인정을 잃을까 두려워 남에게 반대의견을 말하지 못한다.

다른 의견이 있어도 '네 말이 다 맞는 것 같아'라며 남의 의견에 동조할 수밖에 없다.

4. 자신의 판단이나 능력에 자신감이 없고 스스로의 생각에 따라 계획을 세우거나 실행에 옮기지 못한다.

자신감이 없어 스스로 아무것도 할 수 없다.

5. 남의 배려와 지지를 얻기 위해 싫은 일도 마저 한다.

'내가 짐 들어줄게. 나 짐 드는 거 좋아하거든.' 하는 식으로 힘든 일이나 귀찮은 일을 나서서 한다.

6. 혼자서는 아무것도 할 수 없을까 봐 지나치게 두려워한다.

혼자 있으면 강한 불안감과 무력감에 시달린다.

7. 누군가에게 의지하지 않으면 견딜 수 없다.

누군가와 친밀한 관계가 끝나면 그 사람 대신에 자신을 돌봐주고 의지할 수 있는 사람을 필사적으로 찾는다.

8. 외톨이가 되어 모든 것을 혼자서 해야 하는 상황을 비현실적일 정도로 두려워한다.

실제로 고독해질 일도 없는데 그런 상황을 상상하며 괴로워한다.

사소한 일에 지나치게 집착하는 사람들 (강박성 인격장애)

강박성 인격장애는 3가지 분류 중 불안해지기 쉬운 C군에 속하고, 강박증이 동반되는 경우가 많다.
어떤 형식에 너무 집착하기 때문에 '적절히' '임기응변'으로 행동하지 못한다. 환경에 유연하게 대처하지 못하기 때문에 업무 등에서 부적응이 일어나기 쉽다. 예를 들어 너무 완벽을 추구하다 보니 일을 끝내지 못하거나, 완벽주의를 주변에 강요하다가 갈등이 생기기도 한다.
약물치료의 대상은 아니다. 행동을 분석하고 완벽주의가 생활에 미치는 악영향을 본인과 함께 확인하면서 완벽주의적인 행동을 줄여가도록 해야 한다. 그렇게 함으로써 자신이 미진하다는 느낌을 받더라도 실제로는 문제가 생기지 않을 뿐 아니라 일이 잘 돌아간다는 것을 깨닫게 하는 것이 중요하다.

'강박성 인격장애' 환자에게 일어나는 일

다음과 같은 8가지 증상 중 4가지 이상에 해당되면 강박성 인격장애로 진단한다.

1. 활동의 핵심을 놓칠 정도로 세부 사항이나 규칙, 순서, 구성, 스케줄 등에 집착한다.

세부 사항, 규칙, 순서, 구성, 일정표 등을 확인하는 데 너무 많은 시간을 보낸다. 주변 사람들에게도 그것들의 준수를 요구하며 갈등을 빚는다.

2. 너무 완벽주의를 내세우는 것이 목표 달성에 방해가 된다.

자신이 정한 완벽한 기준을 달성하지 못해 프로젝트를 끝내지 못하거나, 서류 하나 작성하는데도 너무 완벽을 추구하다 보니 시간이 오래 걸린다. 정해진 기한 안에 보고서를 제출하지 못하는 경우도 많다.

3. 경제적인 이유도 없이 일이나 생산성에 너무 집착하다 개인적인 즐거움이나 친구 관계를 희생한다.

돈이 필요해서 필사적으로 일에 매달리는 것이 아니라 업무를 완벽하게 하는 것 자체에 집착한다. 개인적인 취미나 친구와 함께 시간을 보내는 것은 '시간이 아깝다'고 생각하며 일이나 공부에 몰두한다.

4. 도덕, 윤리, 가치관 등에 있어 지나치게 성실하고 양심적이며 융통성이 없다.

누가 부탁을 하더라도 '안 됩니다'라고 가차 없이 거절한다. 마치 자폐성 장애의 경직성과 비슷해서 자칫 오진이 될 수도 있다.

5. 감상적인 의미가 없더라도 낡거나 쓸모없는 물건을 버리지 못한다.

애착 때문이 아니라 '언젠가 쓸지도 모르니까', '혹시 무슨 가치가 있을지도 모르니까'라고 생각하기 때문에 쓸데없는 것들을 버리지 못하고 집안에 쌓아 놓는다.

6. 자기 방식이 아니면 남에게 일을 맡기지 못하고 남과 같이 일하지도 못한다.

다른 사람이 자기와는 다른 그 사람의 방식으로 일하는 것을 가만히 두고 보지 못한다. '그렇게 하면 안 돼. 그냥 내가 할게' 하며 일을 맡기지 못하므로 팀 작업이 불가능하다.

7. 자신을 위해서도 남을 위해서도 금전적으로 인색하다.

남에게만 그런 것이 아니라 자신을 위해서도 돈 쓰는 것을 싫어한다. 항상 불안한 마음을 가지고 있기 때문에 돈은 미래에 무슨 일이 생길 때를 대비하여 저축해야 한다고 생각한다.

8. 매우 고지식하고 융통성이 없다

진지하고 형식을 중요시하고 도덕적인 원칙에 집착한다.

이런 증상을 보이는 강박성 인격장애 환자에게는, 예를 들어 서류작성에 완벽함을 요구하더라도 정해진 시간이 되면 작업을 끝내는 것에 도전해 보는 것이 좋다. 본인은 미진한 느낌이 들겠지만, 그 느낌에 서서히 익숙해지는 것을 목표로 한다. 또 본인은 부족한 느낌이 있더라도 작업이 늦어지지 않거나 주변과의 갈등이 줄어드는 등의 긍정적인 면도 확인하며 그 자체로서 좋은 영향을 미친다는 점을 느끼도록 한다. 어설프게 그만둔 것 같은 느낌이 들더라도 그것 또한 긍정적 의미가 있다는 것을 확인하고 그런 경험을 늘리도록 한다.

부주의하거나 산만한 사람들 (ADHD)

강한 집착을 보이는 사람들
(자폐 스펙트럼 장애)

아스퍼거 증후군 환자의
가족에게 생기는 일
(카산드라 증후군)

최근에는 '발달장애'라는 개념이 널리 빠르게 인식되고 있다. 발달장애는 하나의 장애가 아니라 주로 ADHD(주의력결핍 과잉행동장애), 자폐 스펙트럼 장애(광범위적 발달장애, 자폐증, 아스퍼거 증후군), 학습장애 등이 있으며, 그 외에 틱 장애, 말더듬증 등도 발달장애의 일종이다.

부주의 하거나 산만한 사람들 (ADHD)

영어 명은 'attention deficit-hyperactivity disorder'이고 첫 글자를 따서 ADHD라고 부른다.

혹은 주의력결핍-과잉행동장애라고 부르기도 한다. 명칭 그대로 심하게 부주의하거나, 지나치게 산만하거나, 둘 중 하나 혹은 양쪽 다일 때 ADHD라고 한다.

주의력 부족이나 과잉행동 중 하나 또는 둘 다 어린 시절부터 나타나며, 성인이 되면 다소 진정되는 경향이 있다. 다만 과잉행동은 성장함에 따라 사라지기 쉬운 반면, 주의력 결핍은 성인이 되어서도 남아있는 경우가 많아 직장에서 업무 등에 어려움을 겪는 일이 일어나곤 한다.

학령기의 아동 중 5% 전후가 ADHD에 해당되며 이 단계에서는 남자아이가 여자아이보다 3~5배 많다. 성인이 되어서도 2.5%가 ADHD 진단을 받지만, 이 무렵에는 남녀비율이 거의 비슷해진다.

ADHD 환자에게 일어나는 일과 그들이 힘들어하는 것

DSM-5 분류에 따르면 ADHD의 특성으로 다음과 같은 항목을 들고 있다.

- 지시에 따르는 것이 어려움
- 정신적 노력을 계속하는 것이 어려움
- 부주의로 실수하기 쉬움
- 주의와 집중을 유지하지 못함
- 순서(질서)를 지키지 못함
- 산만함
- 물건을 잘 잃어버림
- 남의 말을 듣지 않음
- 건망증이 심함
- 말이 많음
- 다른 사람을 방해함
- 불필요한 짓을 함
- 조용히 있지 못함
- 가만히 앉아 있지 못함
- 안절부절 못함
- 전체 내용의 질문이 끝나지 않았는데 오답을 함

이러한 항목들을 구체적으로 주의력 결핍과 과잉행동 측면에서 살펴보면, 특히 아동기에는 다음과 같은 증상이 나타난다.

주의력 결핍 증상은?

• 집중력이 지속되지 못하고 산만해진다.

가만히 앉아 수업을 듣는 것을 힘들어한다. 무슨 소리가 나거나 시야에 어떤 것이 들어오면 그것에 신경이 쓰여 집중할 수 없게 된다.

• 정신적 노력을 지속하는 것이 힘들다.

숙제를 끝까지 한다거나 공부를 계속한다거나 리포트를 완성하는 것이 힘들다

• 지시를 따르지 못하고, 순서를 지키지 못한다

선생님의 지시를 따르지 않고 딴짓을 한다. 또 어떤 일의 순서를 생각하거나, 순서에 따라 행동하는 것이 힘들다

• 남의 얘기를 안 듣는다

남이 하는 말을 건성으로 듣는다. 듣더라도 한 귀로 듣고 한 귀로 흘린다. 혹은 스마트폰을 보면서 건성으로 듣는 것 같았는데 실은 어떤 자극적인 것에 더 집중하고있는 경우도 있다.

• 잘 잊어버린다(건망증)

애초에 들은 내용이 머릿속에 남아있지 않거나, 듣기는 했지만 잊어버렸거나, 기억은 하더라도 다른 일 때문에 신경이 쓰여 잊어버리는 등, 어떤 이유에서건 잘 잊어버린다.

• 실수가 잦다

예를 들어 시험에서는 문제가 '잘못된 것을 고르시오' 인데 올바른 것을 고른다든지, '2개 고르시오'인데 하나만 고르는 등 부주의한 실수를 많이 한다. 일상생활에서도 무언가에 부딪히거나, 물건을 쓰러뜨리거나, 물컵

을 쏟는 등 부주의로 인한 실수가 잦다.

• 물건을 자주 잃어버린다

지갑, 안경, 열쇠, 스마트폰, 가방 …… 어딘가에 두고 그대로 잊어버려, 잃어 버리는 일이 많다.

과잉행동장애의 증상이란?

- 자리에 앉아 있지 않음

가만히 앉아있지 못하고 수업 중에 돌아다닌다.

- 안절부절

장례식 등 조용히 있어야 하는 곳에서도 안절부절못하고 몸을 흔들거나 다리를 꼬며 가만있지 못한다.

- 차분히 있지 못한다.

가만히 있지 못하고 괜히 돌아다니는 등 뭔가 쓸데없는 짓을 한다.

- 차례를 기다리지 못한다

줄 서서 기다리지 못하고 새치기를 한다거나 아예 처음부터 줄을 설 생각을 안 한다.

- 말을 많이 해서 다른 사람을 방해한다

자습 시간이나 도서관 등에서 다른 사람에게 말을 걸어 방해한다. 남이 뭐라고 해도 듣지 않고 자기 말만 계속한다.

- 질문이 채 끝나기도 전에 대답한다.

남의 질문을 끝까지 듣지도 않고 대답한다. 수업 시간에는 손을 들고 선생님이 지명하는 것을 기다려야 하는데, 기다리지 않고 답을 함부로 말해 버린다.

그래서 말이야~ 그러니까~
~~~~~~~~~라는 거지 ~~~~가 재밌어서 ~~~진짜
~~~~~웃기지?
~~~~가 ~~~~~~
라니까~~~~~
더는
못 기다려
질문이 있는데..…
그래 맞아!
질문을 잘 들어봐
~~~~

ADHD 지원과 치료

ADHD가 있는 사람은 그 특성에 맞는 생활습관을 익히는 것이 좋다.

해야 할 일을 잊어버리거나 한번 들어도 잊어버리기 쉽기 때문에 해야 할 일의 목록을 만들거나 메모장에 수시로 기록해 둔다.

주의 집중력이 떨어지기 때문에 공부할 때는 벽을 향해 앉거나 시야를 가리는 가림막을 세워 눈에 들어오는 자극을 줄이고, 학교에서는 맨 앞줄에 앉아 칠판이나 선생님 이외에는 눈에 들어오지 않는 환경을 만든다. 장시간 공부에 집중하는 것을 힘들어하기 때문에 시간을 짧게 쪼개서 틈틈이 휴식을 취하는 것이 좋다.

아토목세틴, 구안파신, 메틸페니데이트, 리스덱삼페타민 같은 약으로 증상을 완화시키기도 한다.

강한 집착을 보이는 사람들 (자폐 스펙트럼 장애)

영어 'Autism Spectrum Disorder'의 머리글자를 따서 ASD 혹은 자폐 스펙트럼 장애라고 부른다. 발달장애 중 대표적인 것이고 100명에 1명꼴로 존재한다고 알려져 있지만, 넓은 의미로 보면 그보다 더 많을 수도 있다.

자폐 스펙트럼 장애는 성장 과정에서 드러난다. 어린이집이나 유치원에서 단체생활에 문제가 있거나 초등학교에 들어가 점점 높은 수준의 의사소통이 필요하면서 알게 되는 경우가 많다. 중학교나 고등학교, 경우에 따라서는 사회에 나와서 알게 되는 경우도 있다.

자폐 스펙트럼 장애란 무엇인가?

'자폐 스펙트럼 장애'라는 개념은 사실 예전부터 존재했으며 소아정신과 전문의인 로나 윙(Lorna Wing)이 '사회성 장애', '의사소통의 장애', '이미지네이션(상상력과 사고의 유연성) 장애'라는 세 가지 특성을 정의하면서 '윙의 세 가지 특성'이라고 불렀다.

예전의 진단기준인 DSM-4에서는 지적인 장애를 동반하지 않는 '아스퍼거 장애', 지적인 장애가 동반되는 '자폐성 장애', 특정할 수 없는 넓은 개념의 '광범위성 발달장애'라는 분류가 이루어지고 있었다.

그 후 DSM-5 기준에서 '자폐 스펙트럼 장애'라는 한 가지로 통합이 됐고 '의사소통 장애가 메인인 A군(비언어적 의사소통 결함, 교우관계 결함, 상호작용 결함)'과 '집착의 강도와 관련된 B군(관심 범위가 편협, 감각의 이상, 판에 박힌 의식과 루틴, 정형적이고 반복적 행위)' 중 두 가지 이상이 나타나면 자폐 스펙트럼이라고 진단이 내려진다.

자폐 스펙트럼 장애 아동의 특징

구체적으로 자폐스펙트럼장애 아동에게 나타나는 증상은 다음과 같다.

• 특정한 감각이나 자극에 대해 좋아하거나, 싫어하거나, 둔하다

옷 안쪽에 붙어있는 태그가 살에 닿는 촉감을 불편해하거나, 작은 벨 소리도 크게 거슬린다고 한다. 또 넘어져서 무릎을 다쳐도, 몸이 차갑거나 열이 있어 뜨거워도 잘 느끼지 못해 병이 나는 경우도 있다.

• 흥미를 느끼는 분야가 편중돼 있다

어떤 사실을 기억하는 것을 좋아해서 철도 분야에 흥미를 느끼는 사람이 많다. 정해진 스케줄에 따라 움직이는 열차 시간표나 노선도를 다 외우거나, 역 이름을 잘 외운다.

• 규칙을 중히 여긴다.

꼭 정해진 규칙대로 해야 하고 남들도 그렇게 하지 않으면 기분이 나빠진다.

• 스케줄과 루틴에 집착한다.

'몇 시에 OO을 해야 한다', 'OO을 할 때는 이 순서대로 해야 한다'는 것이 정해져 있고, 그 틀에서 벗어나지 못한다.

• 일정이 변경되면 당황한다

스케줄이 바뀌면 당황하고 융통성 있게 행동하지 못한다.

• 상동적(정형적) 행동을 보임

목적 없이 같은 동작이나 말을 반복한다. 예를 들어 블록을 주면 건물을 조립하기보다 그저 바닥에 계속 늘어놓기만 한다. 미니카를 줘도 달리게 하는 것이 아니라 계속 바퀴를 돌리는 등 같은 행동을 반복한다.

• 공동 주의력이 부족하다

다른 사람이 가리키는 것을 보거나 자신이 무언가를 가리키는 경우가 적다. 일반적으로는 누가 위를 쳐다보고 있으면 다른 사람들도 따라서 위를 쳐다보기 마련인데, 그런 주의력을 남과 공유하지 않는 경향이 있다.

• 비언어적 의사소통을 잘 못한다.

표정, 제스처, 시선 등을 잘 사용하지 못한다.

• 크레인 현상

자신이 원하는 것이 있을 때 남의 손을 끌어다가 원하는 곳까지 가져간다. 예를 들어 TV 채널을 바꾸고 싶을 때 엄마의 손을 끌어다가 리모컨으로 바꾸게 한다. 이런 행동은 요구 사항을 적절히 전달하지 못해서 일어난다. 주로 어린아이에게서 볼 수 있다.

- 거꾸로 안녕

인사를 할 때 손바닥이 자기를 향하게 하고 흔든다. 남이 손을 흔들며 안녕을 하는 것을 보고 흉내를 내는데, 이때 그 사람의 손이 자기 쪽으로 향해 있기 때문에 똑같이 손바닥이 자기를 향하게 하고 흔드는 것이다.

- 상황에 맞는 커뮤니케이션을 하지 못한다.

예를 들어 야외에서 거리가 떨어져 있는 사람과 얘기를 하려면 큰 소리를 내야 하고 도서관에서는 소리를 죽여 조용히 얘기해야 한다는 것을 이해하지 못한다. 선생님께는 존댓말을 써야 하고 친구들과는 반말로 얘기해야 한다는 것을 구분하지 못하고 같은 반 친구에게 계속 존댓말을 쓰는 경우도 있다.

- 생략된 말이나 대명사를 잘 알지 못한다.

보통 주어를 생략하는 경우가 많은데, 그런 문장의 문맥을 잘 이해하지 못한다. 대명사가 무엇을 가리키는지도 이해하기 힘들어한다.

- 동음이의어에 약하다

동음이의어는 소리는 같으나 뜻이 다른 낱말을 말한다. 일반적으로 문맥이나 행간을 읽음으로써 의미를 파악하는데, 그것을 어려워한다.

- 글자 그대로 받아들인다

비유를 이해하지 못하고 비꼬는 것도 잘 모른다. 예를 들어 매우 어질러져 있는 방을 보고 '정말 깨끗도 하네'라고 비꼬더라도 정말로 깨끗하다고 칭찬한 것으로 생각한다.

자폐 스펙트럼 장애 아동을 대할 때 주의할 점

자폐 스펙트럼 장애의 치료약은 존재하지 않지만 만일 발작을 일으킨다면 소량의 항정신병약물을 사용하는 경우는 있다. 관련 서적이나 강연회 등에서 '발달장애는 식이요법으로 고칠 수 있다'는 주장을 하는 경우도 있고, 고가의 심리치료제(rTMS) 같은 치료법을 권하는 경우도 있는데, 이런 것의 효과는 증명되고 있지 않다.

자폐 스펙트럼 장애는 고치는 것이 아니라 환자 본인의 특성에 맞춰서 생활할 수 있도록 습관을 들이는 것이다.

예를 들어 '잠깐만 기다려'라는 말을 들었을 때, 자폐스펙트럼인 사람은 '잠깐'이라는 애매한 말의 의미를 적절하게 이해하는 것이 불가능하다. 따라서 '5분만 기다려' 하는 식으로 구체적으로 얘기해야 한다. 말로만 해서는 잘 이해를 못 한다면 종이에 써준다든지 메모지에 써서 붙여 놓는 것도 좋다.

똑같은 옷만 계속 입거나 똑같은 길로만 가려고 하는 정형행동이 문제가 될 수 있는데, 본인이 허락하는 범위 내에서 조금씩 또는 일시적으로 다른 선택을 시도해 보고 익숙해지도록 한다.

아스퍼거 증후군 환자의 가족에게 일어나는 일 (카산드라 증후군)

자폐 스펙트럼 장애 중에서 지적 능력에 문제가 없는 아스퍼거 증후군의 가족 등이 환자 대응에 어려움을 겪는 것을 카산드라 증후군(Cassandra Syndrome)이라고 한다.

아스퍼거 증후군 환자는 데이터를 처리하는 능력은 뛰어나지만, 사람과의 정서적인 교류는 잘 못하는 경우가 많다. 그래서 주로 가족을 비롯한 주위 사람들이 우울증이나 불안감을 느끼기도 하고 소화기 증상, 혈압 상승, 두통 등 심신의 문제를 호소한다.

다만 카산드라 증후군은 순수하게 의학적인 용어라고 보기는 어렵고, DSM-5의 진단기준에도 나와 있지 않다. 임상 현장에서는 증상에 따라 우울증, 불안장애, 적응장애, 심신증으로 진단한다.

카산드라 증후군이라는 말은 오히려 가정이나 직장 등에 아스퍼거 증후군 환자가 있을 경우 주변 사람들이 자신의 상황을 호소하거나 표현하기 위해 많이 쓰면서 확산된 명칭이다.

전형적인 '아내'들의 고통

자폐 스펙트럼 장애는 여성보다 남성이 더 많다. 따라서 환자의 동반자로서 겪게 되는 카산드라 증후군을 앓는 사람은 필연적으로 여성이 많을 수밖에 없다.

그러면 아스퍼거 증후군인 남편을 둔 아내라는 전형적인 사례로 예를 들어 보자.

지적인 면에 전혀 문제가 없을뿐더러 오히려 데이터 처리 능력이 뛰어난 남편은 업무 면에 있어서는 뛰어난 사람이다. 하지만 정서적인 교류를 어려워하기 때문에 부부 사이에서 아내가 원하는 감정적인 교류는 잘 못하는 경우가 많고 따뜻한 관계를 구축하기 힘들다. 남편이 일부러 그러는 것은 아니지만 아내 입장에서 남편의 그런 행동은 '사람의 마음을 몰라주는 것'으로 비치게 되고 아내는 채워지지 않는 마음의 허전함을 계속 안고 살아간다.

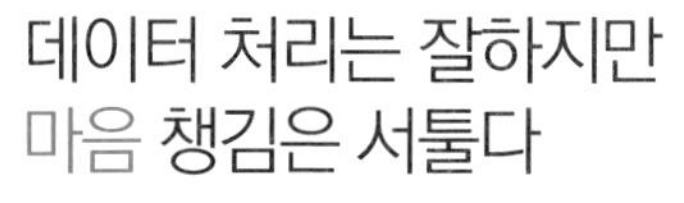

기분을 이해하지
못하구나

또 남편 측에 분명히 문제가 있는데도 남들에게 그런 얘기를 털어놨을 때 무시당하기 일쑤다. 남편은 사회적으로는 아무 문제가 없기 때문에 '남편이 그 정도면 됐지'라든가 '복에 겨워서 그래', '네가 너무 예민한 거 아니야?'라는 대답이 돌아오기 쉽다. 이렇게 되면 아내는 더욱 고독감을 느끼고 '내 마음을 알아주는 사람은 아무도 없다'며 벼랑 끝에 내몰리게 된다.

아내에게는 우울증, 불안, 속이 쓰리거나 설사 등 소화기 계통의 문제, 혈압 상승, 두통 등 여러 증상이 나타나게 되지만 카산드라 증후군의 치료약은 없다. 대증요법을 쓸 뿐이다.

카산드라 증후군이라는 말이 확산되는 것은 의학적인 의미가 있다기보다 아스퍼거 증후군 환자의 주변 사람들이 '아, 나는 카산드라 증후군이구나' 하고 자신의 상태를 정의하며 마음을 정리하는 것에 의미가 있을 것 같다.

물론 카산드라 증후군은 가족만이 아니라 직장에서도 있을 수 있다.

의료 현장에서는 아스퍼거 증후군 환자에게 가족이나 주변 사람들을 어떻게 대해야 하는지 조언해야 할 것이다. 반대로 카산드라 증후군으로 힘들어하는 사람에게는 환자에게 무엇을 어디까지 기대해야 하는지 생각을 정리하게 하는 것이 좋을 것이다.

참고로 카산드라 증후군이라는 명칭은 그리스 신화에 나오는 '트로이의 목마'에서 따온 것이다.

태양신 아폴론의 사랑을 받고 '예지능력'이라는 선물까지 받은 트로이의 공주 카산드라는 바로 그 예지능력으로 인해, 아폴론에게 버림받는 자신의 미래를 보게 된다. 그것을 이유로 카산드라가 아폴론의 사랑을 거절하자 아폴론은 화를 내며 '너의 예지 능력을 아무도 믿지 않을 것이다'라는 저주를 내린다.

어느 날 트로이와 그리스 연합군 간에 전쟁이 일어나고 카산드라에게는 트로이 왕국이 멸망하는 미래를 보게 되지만 누구에게 말해도 그 말을 믿지 않았다. 결국 병사들이 전리품으로 가져온 목마에 숨어있던 그리스군의 병사들에 의해 트로이는 멸망하고 만다.

이렇게 아무도 자신의 말을 믿어주지 않는다는 데서 유래한 명칭인 것이다.

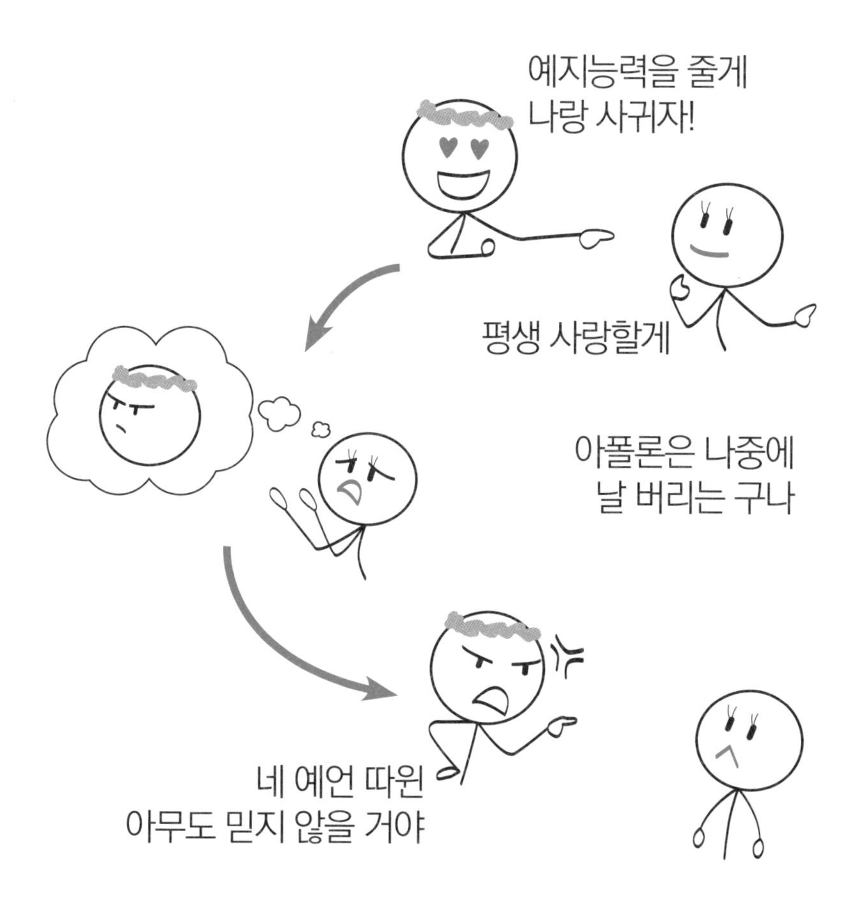

아동기, 청소년기에 시작되는 다양한 장애

• 학습장애

영어 'learning disability'의 첫 글자를 따서 LD라고 부르기도 한다.

특정 학습장애라고도 하며 지적인 문제가 있는 것이 아니라 읽기, 쓰기, 수리 중 어느 하나를 못 하는 것을 말한다.

'읽기(독해)'는 글자를 못 읽는 수준부터 긴 문장을 이해하지 못하는 수준까지 다양하다. 발달성 난독증이라고도 한다.

'쓰기(철자, 논술)'는 글씨를 쓰지 못하는 수준부터 리포트 같은 긴 글을 쓰지 못하는 수준까지 있다.

'수리(산수, 수학)'는 단순히 계산을 못 하는 수준부터 수학적인 이해 능력이 떨어지는 수준까지 있다.

각각에 있어 장애의 정도는 다양하다.

학령기에 시작되지만, 학습에서 요구되는 수준이 장애가 있는 환자 본인의 능력을 넘어설 때까지 알 수가 없기 때문에 주변에서 알아차리기 어려운 경우도 있다.

치료라는 개념이 아니라 환자 본인에게 맞는 지원이 필요하고 가능하면 환자에게 알맞은 훈련이 이루어져야 한다.

• 틱 장애

돌발적으로 소리를 지르거나 목 등 몸의 일부를 충동적, 반복적으로 움직인다. 스스로 컨트롤하기는 어렵다. 소리를 내거나 코를 훌쩍이는 등의 '음성 틱', 그리고 몸을 움직이거나 눈을 깜빡이는 '운동 틱'이 있다.

이런 증상이 1년 이상 계속되고 생활에 지장을 줄 정도이면 '뚜렛 증후군'

이라고 한다. 뚜렛 증후군은 대개 4~6세에 나타나고 10~12세에 가장 증상이 심해진다. 남아가 여아보다 2~4배 많이 나타난다.

장기적으로 지속되면 항정신병약물을 사용하기도 한다.

• 말더듬증

머릿속에 있는 생각이 말로 잘 안 나온다. 예를 들어 '엄마'라는 말을 하려고 할 때 '……엄마' 하며 첫 음이 잘 안 나오거나 '엄~~~~마'하고 첫 음을 길게 늘여서 발음하거나 '엄엄엄엄마'하고 첫 음을 반복하게 된다.

취학 전에 발생한 경우에는 거의 대부분 몇 년 안에 증상이 가벼워지지만, 일부는 장기간 지속되는 경우도 있다. 치료법으로는 언어청각치료나 인지행동치료 등이 이루어진다.

건망증이 심한 사람들
(알츠하이머형 치매)

간헐적으로 인지능력이
저하되는 사람들 (뇌혈관성 치매)

환각이 보이고 보행이
힘들어지는 사람들 (레비소체형 치매)

내 멋대로 행동이 많아지는 사람들
(전두측두엽 치매)

지적 장애는 지적인 발달이 충분히 이루어지지 않아 어릴 때부터 문제가 일어나는 것이고, 인지증(치매)은 한 번 습득한 인지 기능이 고령으로 인해 저하되는 것이다.

인지증이 되면 생활의 자립도가 떨어지게 되지만 그 전 단계인 경도 인지장애(MCI)의 경우에는 노력함으로써 생활의 자립을 유지할 수 있다. 일본의 경우 고령 인구는 약 3천만 명이며 치매가 약 460만 명, MCI는 약 400만 명이라고 알려져 있다.

건망증이 심한 사람들 (알츠하이머형 치매)

독일의 정신과 의사인 알츠하이머 박사에 의해 최초로 보고된 치매의 대표격으로 환자 수도 가장 많다. 남성보다 여성이 더 많다.

인지 기능에는 정보를 머리에 입력하는 '부호화(encoding)'와 그것을 유지하는 '보존(retain)', 필요할 때 꺼내 쓰는 '회상(retrieve)'이라는 3가지 요소가 있는데, 알츠하이머형 치매에서는 특히 부호화 기능이 저하된다. 그 때문에 오래된 기억은 그대로 있어서 옛날이야기는 다 하지만 새로운 것과 최근 일은 기억하지 못하게 된다(기억하려 해도 애초에 머릿속에 정보가 들어오지 않는다). 초기 증상으로는 물건을 잠시 어디 놔뒀는데 그게 어디인지를 모르거나, 약속이나 일정을 잊어버리거나, 어떤 물건을 어떻게 쓰는 건지 사용법을 몰라 당황하는 경우가 일어난다.

시간과 장소, 방향 감각, 사람을 알아보는 능력을 지남력이라고 하는데, 인지 기능이 전반적으로 저하되기 때문에 이런 지남력이 저하되고, 계획을 세우고 일을 수행하지 못하는 '실행기능장애', 스마트폰 사용법이나 자전거 타는 법 등을 잊어버리는 '절차기억장애', 옷을 제대로 갖춰 입는 법을 모르거나 어려워하는 '착의실행증 着衣失行症', 물건을 어디에 놔뒀는지 기억하지 못하고 누가 훔쳐 갔다고 생각하는 '도난 망상' 등 다양한 증상이 나타난다. 외출했다가 길을 잃고 집에 돌아오지 못하는 것도 흔히 있는 증상이다.

알츠하이머형 치매 환자의 뇌를 MRI나 CT로 촬영하면 뇌 전체가 위축돼 있는 것을 볼 수 있다. 특히 측두엽 내측부와 기억에 관계되는 해마 등의 위축이 눈에 띈다. 정수리 부분의 위축이 있으면 공간 파악이 힘들어져 길을 잃기 쉽게 된다.

원인으로는 20년 이상에 걸쳐 '아밀로이드 베타(Amyloid β)'라는 물질이 뇌에 서서히 축적된 결과, '타우(tau) 단백질'이라는 비정상적인 단백질이 응집되었기 때문이라고 알려져 있다. 타우 단백질이 응집됨에 따라 증상은 서서히, 하지만 확실하게 진행된다.

알츠하이머형 치매를 진단하기 위해서는 인지기능 저하 확인, 두부 MRI와 CT로 뇌의 형태 확인, SPECT 검사에 의한 뇌 혈류의 확인 등이 필요하다.

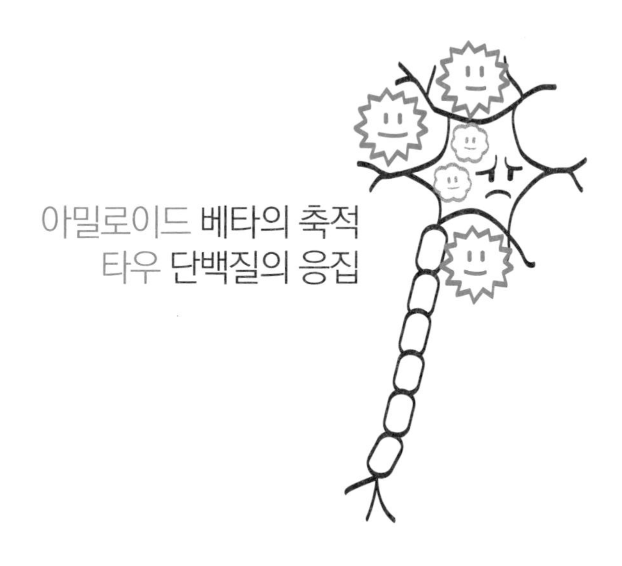

간헐적으로 인지능력이 저하되는 사람들 (뇌혈관성 치매)

알츠하이머형 치매 다음으로 많은 것이 뇌혈관성 치매이다. 뇌혈관이 막히는 뇌경색, 뇌혈관이 터지는 뇌출혈은 굵은 혈관에서 일어나면 즉시 생명을 위협하는 위급한 상황이 된다. 하지만 가는 혈관에서 발생하면 '무증상'이라고 하여 눈에 띄는 증상이 나타나지 않는다. 그렇지만 단지 증상이 눈에 보이지 않을 뿐이다. 아주 미세한 뇌경색이나 뇌출혈이 반복적으로 일어나면서 생기는 인지기능 저하가 뇌혈관성 치매인 것이다.

그리고 자신도 모르는 사이에 뇌의 혈관이 군데군데 막히거나 터지면서 그때마다 서서히 치매가 진행되는데 이것을 '계단식 진행'이라고 한다.

이런 패턴은 MRI 같은 영상 검사를 하지 않는 한 뇌혈관 장애가 치매의 원인이라는 것을 증명할 수 없다.

어쨌든 뇌혈관성 치매의 경우 뇌의 깊은 곳에서 장애가 발생하면 지식과 기능이 잘 연결되지 않아 사고가 느려지고 수행 능력도 떨어진다. 또 새로운 것을 기억하지 못하기보다는 기억을 떠올리는 것이 어려운 기억력 장애가 많이 나타난다.

그 밖에 병변이 일어난 부위에 따라 보행장애, 운동마비, 감각장애, 배뇨장애, 시각장애, 어지럼증이나 현기증, 두통, 우울증, 불안, 의욕 저하 등 매우 다양한 증상이 나타난다.

따라서 할 수 있는 것과 할 수 없는 것이 드문드문 존재하기 때문에 '간헐적 치매'라고도 한다.

당뇨병, 고혈압 등의 지병이 있는 사람은 위험이 높으며, 남성에게 더 많이 나타난다.

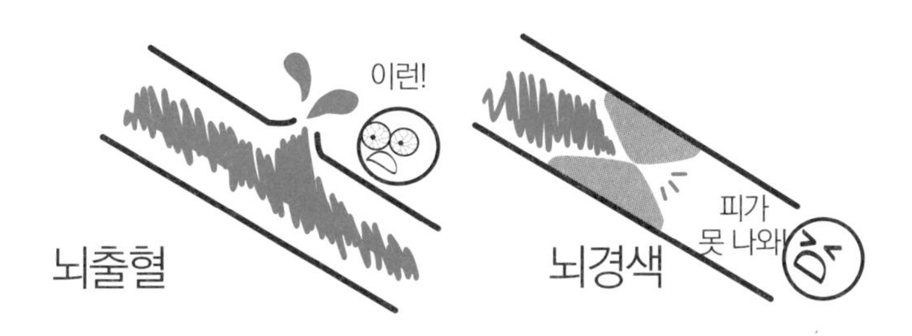

환각이 보이고 보행이 힘들어지는 사람들 (레비소체형 치매)

레비소체형 치매의 원인은 알파-시누클레인이라는 비정상적 단백질이 뇌에 축적되어 신경세포에 레비소체라는 특수한 구조물이 생기는 것이 원인이다. 인지기능 장애와 함께 환시를 자주 동반하며, 파킨슨 증후군이 나타나기도 한다.

인지기능 장애의 증상으로는 기억력 장애, 주의력 장애, 처리속도 저하, 수행기능 장애 등이 있다. 따라서 하는 행동이나 어떤 일에 대한 반응이 엉뚱하고 이치에 맞지 않는다.

인지 수준에도 변동이 있으며 일 단위, 주 단위, 월 단위로 컨디션이 좋을 때와 안 좋을 때가 있다. 이러한 변동을 겪으면서 서서히 병세가 진행된다.

환각 중에서도 특히 환시가 많다. 사람이나 어떤 움직이는 물체가 집 안으로 들어오는 것이 보이는 경우가 전형적인 패턴이며, 현실적이고 세밀한 내용이 반복해서 환시로 나타난다.

환청이 들리기도 한다. 또 눈에 보이거나 소리가 들리지는 않지만 무언가가 존재하는 것이 느껴지는 '실체성 의식', 벽에 있는 얼룩이나 무늬 같은 것이 사람 얼굴로 보이는 '파레이돌리아(변상증)'가 수반되는 경우도 있다.

망상 증상으로는 배우자가 바람을 피우고 있다고 의심하는 '질투 망상', 가족들이 그들과 똑같은 모습을 한 가짜로 바뀌었다고 생각하는 '캡그라스 증후군(capgras syndrome)', 집 안에 누군가가 숨어 있다고 생각하는 '환각 동거인 증후군' 등이 많이 나타난다.

파킨슨 증후군 증상으로는 힘을 뺀 상태에서 몸을 움직일 때(예: 팔꿈치를 접었다 폈다 할 때) 뻣뻣한저항감이 느껴지는 근강직, 가만히 있을 때 자신의 의지와 상관없이 몸이 떨리는 '정지 시 진전(떨림)', 빨리 움직이지 못하는 '동작 완만' 등이 있다.

파킨슨 증후군이 아니더라도 소량의 향정신성의약품의 부작용으로 '추체외로 증상(특정 약물에 의한 운동장애)'이 강하게 나타나는 경우도 있다.

그 외에 변비, 어지럼증, 요실금 등의 자율신경 증상이나 자세 유지가 곤란하고, 일어설 때 어지럼으로 인한 낙상, 실신이나 일시적 무반응, 계속 자도 졸리는 과수면증, 우울증이나 무력감, 무감정, 무관심이 나타나기도 한다.

내 멋대로 행동이 많아지는 사람들 (전두측두엽 치매)

전두측두엽 치매는 전두엽과 측두엽의 기능 저하로 나타나며, 치매 중에서 비교적 젊은 초기 노년기에도 발병하는 경향이 있다. 뇌에 타우(tau) 단백질이나 TDP 43(Tar DNA 결합 단백질 43) 이라는 물질이 쌓여 신경퇴행성 질환을 일으키는 것이 원인이며 신경세포에 픽 몸체(pick body)가 만들어지기도 해서 픽병(Pick's disease-체코의 정신과 의사 아놀드 픽에 의해 명명 됨-편집자)이라고 부르기도 한다.

인격의 변화나 무관심, 자제력 상실, 충동적 행동, 내 멋대로 행동(Going my way) 등 행동상의 이상이 많이 나타나는 것이 특징이다. 잘 잊어버리는 등의 기억 장애는 치매가 상당히 진행된 후에야 나타나기 쉽다.

같은 행동을 계속 반복하는 '상동 행동', 같은 말을 반복하는 '상동 언어', 같은 문장을 오르골처럼 반복하면서 단조롭게 되풀이하는 '체속 언어', 한 가지 생각만 지속되어 어떠한 질문에도 똑같은 반응으로 응답하는 '이상 언행 반복증-보속증(perseveration)', 스케줄대로 정해진 시간에 같은 행동을 하는 '타임테이블 행동', 항상 같은 코스의 길을 같은 패턴으로 돌아서 집에 오는 '반복성 행동- 주회(周徊)' 등이 있다.

이 중 가장 걱정되는 것은 고잉 마이웨이적 행동(다른 사람에게 신경 쓰지 않고 멋대로 내 갈 길을 가다)인데, 물건을 훔치거나 폭력, 무례한 말이나 성적인 말을 내뱉는 등의 '자제력 상실', 남의 질문에 생각도 없이 바로 대답해 버리거나, 얘기 도중에 갑자기 어디론가 가버리는 등 자신을 억제하지 못하고 맘대로 행동함으로써 여러 문제를 일으킬 수 있다.

그 밖에도 앵무새처럼 남의 말을 되받아치며 따라 하는 '반향 언어', 간판에 쓰여 있는 글자 등 눈에 들어온 것을 소리 내서 읽는 '강박적 음독', '공감 능력 결여' 등도 있다.

또 하나 전두측두엽 치매 중에 '의미성 치매'라는 것도 있는데, 주로 언어 장애가 생긴다. 특히 단어의 의미를 이해하지 못하는 '어의 실어증(word-meaning aphasia)'이 발생하기 쉽다.

일반적으로 말이 잘 생각나지 않으면 말이 막히는 경향이 있지만 '의미 치매' 에서는 '그거', '저거' 같은 대명사를 활용하면서 말을 많이 하는 경향이 있다.

Column → 말하기 시작하는 환자들

정신장애 당사자로서 자신의 경험을 이야기하는 유튜버 중 한 명으로 유명한 '모리노코도쿠'씨가 있다.

그녀는 조현병이라는 어려운 병을 앓고 있으면서도 자신의 병에 관해 공부하고, 치료를 위해 노력하며 경과를 널리 알리고 있다. 컨디션이 항상 좋을 때만 그러는 것이 아니었다. 컨디션이 결코 좋지 않은 상황에서도 그런 상황을 다 전해주기 때문에 시청자들은 진심을 느낄 수 있는 것이다. 그녀는 매우 부드러운 말투로, 때로는 발랄한 어조로 조현병 환자는 '기피해야 할 존재'가 아니라는 것을 충분히 알려준다. 또 조현병이나 다른 정신장애 환자들에게 이 사회가 어떤 도움을 줄 수 있는 지에 관해서도 잘 이해할 수 있도록 팁을 알려주고 있다.

동등한 관계

이런 그녀의 행동은 본인이 의식하고 있든 아니든 상관없이 조현병 당사자들을 대표해서 일반인들의 인식을 긍정적으로 변화시키는 역할을 하는 동시에 '피어'로서의 존재 의미도 가지고 있다. 피어(peer)는 동료, 친구, 대등한 사람이라는 뜻을 가진 말인데, 여기서는 '동지'라고 해야 할지……

정신질환 치료의 현장에서는 기본적으로 주치의가 병의 진행상황을 설명하고 지도하는 역할을 하지만, 간호사, 약사, 정신건강 사회복지사 등이 각 분야의 전문가 입장에서 어드바이스 함으로써 환자의 이해를 더욱 높여

나가야 한다.

마찬가지로 '환자 본인'이 자신의 경험이나 노하우를 말해줌으로써 조현병에 대해 더 깊이 이해할 수 있게 되는 것은 물론이고 치료에 대한 저항감이 줄어드는 효과를 발휘하게 된다.

나아가 그녀의 활동은 조현병을 앓고 있지만 더 나은 삶을 추구한다는 면에서 그녀 자신에게도 도움이 되고 있다.

많은 시청자들에게 자신의 현재 상태를 있는 그대로 보여주며 앞으로의 모습을 공개하는 것은, 도망치지 않고 치료를 계속하게 되는 동기부여가 될 것이다. 또 자신의 병에 대해서도 더 깊이 이해할 수 있을 것이다.

이렇게 그녀의 활동은 일반인을 위해서도, 같은 환자들을 위해서도, 그리고 자신에게도 상상도 못 할 큰 의미가 되고 있는 것이다.

부록

정신의학의 역사

사실은 아주 무서운
정신과의 역사

세계사 | 끔찍한 일을 당했던 옛 시대의 정신장애 환자들

정신장애에 따른 환각이나 망상 등의 증상에 대해 고대에는 악령이나 악마가 씌었다, 혹은 신의 저주를 받았다는 식으로 비과학적인 해석이 이루어졌고 무당에게 보내지곤 했다.

중세가 되면 정신장애는 종교적인 죄악으로 여겨졌고 마녀사냥의 대상이 됐다. 즉 중세시대는 사회적인 불만이 약자들에게 분출된 시기이며, 정신장애 환자들이 그 타깃이 된 것이다.

인간 취급도 못 받고 적절한 치료를 받을 수도 없는 상황에서 정신장애 환자들은 그저 기도하는 수밖에 없었을 것이다. 하루하루 기도라도 할 수 있도록 아예 교회에 몸을 숨기거나 교회 옆에 숙소를 마련하는 사람들이 많았다. 그 결과 대표적으로 벨기에의 겔(Geel)족과 같은 정신장애 환자들이 모여 사는 '콜로니(colony)'라는 집단거주지가 유럽 각지에 자연발생적으로 생겨났다.

그 후 정신병원이 설립되기는 하지만 대부분은 그저 수용시설이었으며 환자들은 그곳에 감금되거나 심지어 구경거리가 되기까지 했다. 이유 없이 처참한 대우를 받은 것이다.

이런 암흑의 시대로부터 길고 긴 세월이 흐른 뒤에야 정신과 의료는 겨우 체계를 갖추게 된다.

세계사

정신과 병원의 등장!
그러나 그렇게 좋은 곳은 아니었다

자연발생	1410년	1547년	1660년대	1784년
정신장애자가 매일 기도하기 위해 교회에 기거하게 되다	유럽 첫 정신병원이 스페인에 생기다	런던 베들레헴 병원	오텔 디외 (Hôtel-Dieu 신의 저택)	나랜텀 (바보들의 탑/광인의 탑)

유럽에서는 최초로 스페인에, 그리고 이어서 런던에 정신과 병원이 설립되었지만, 두 곳 다 실질적으로는 정신장애자를 감금해 놓는 시설에 불과했다.

파리에서는 십자군 원정에서 부상당한 자들을 위한 병원인 오텔 디외(Hôtel-Dieu)가 정신장애인을 수용하면서 정신장애가 신체적 질병이나 부상을 치료하는 일반 병원에서 함께 치료를 받는 최초의 사례가 됐다. 오스트리아 빈의 나랜텀(수용시설)에서는 초기에는 정신장애자를 격리하지 않고 인도적으로 대했지만, 점차 철문과 철창으로 칸막이를 쳐 환자들을 격리하기 시작했고, 결국 정신장애 환자들은 구경거리로 전락하기에 이르렀다.

세계사

드디어 정신장애자가 쇠사슬에서 해방되는 날이 오다

1789년	1793년
프랑스 혁명이 정신과 치료에도 영향을 미침	쇠사슬에서 해방

정신장애자가 감금을 당하거나 손발이 묶이는 등 처참한 대우에서 벗어나게 된 데는 프랑스인 정신과 의사 필리프 피넬의 공이 크다.

피넬은 1793년에 자신의 임상경험을 토대로 정신장애자들에게 격리와 구속이 아닌 인도적 대우를 우선한 '쇠사슬로부터의 해방'을 주장했다.

이런 움직임은 1789년에 일어난 프랑스 대혁명의 정신인 '자유, 평등, 박애'의 영향을 받은 것이라고 할 수 있다.

세계사

열악한 상황을 폭로하다! 에스키롤, 코놀리, 비어스의 활약

1818년	1838년	1845년	1908년
에스키롤이 정신과 병원의 열악한 실태를 보고	정신과 의료에 관한 법률이 제정됨	코놀리가 영국에서 무구속 운동을 전개	비어스가 '내 영혼을 만날 때까지' 출간

피넬의 제자인 에스키롤은 프랑스 국내 정신과 병원의 조사에 착수해 열악한 실태를 국가에 보고했다.

그리고 프랑스에서 처음으로 정신과 의료에 관한 법률인 '1838년법'이 제정되었다.

영국인 코놀리는 '무구속 운동'을 펼쳐 당시 가장 규모가 컸던 한웰 정신병원에서 환자에 대한 물리적 구속이 금지되기에 이르렀다.

미국에서는 비어스가 정신과 병원의 실태에 관해 작성한 수기 '내 영혼을 만날 때까지(A Mind That Found Itself)'를 출간했다.

일본사 | 일본에서도 역시 처참한 대우를 받은 정신장애자들

당연하겠지만 일본에도 예부터 정신장애 환자들이 있었다. 일본의 정신과 의료 발자취에 대해 이해하기 위해서는 법률의 역사를 먼저 이해하는 것이 좋다. 일본에서는 1900년에 처음으로 정신장애에 관한 법률인 '정신병자 감호법'이 생겼고 그 후에 '정신병원법', '정신위생법', '정신보건법'으로 이어지다가 1995년에 현재의 '정신보건복지법'이 제정되었다. 정신병자 감호법은 '간호'가 아니라 '감호'라는 것에 주목해야 한다. 즉 정신장애자를 집에 가두어두는 것이 목적이었던 것이다. 그전까지는 각자의 집에 동물의 우리 같은 것을 설치해 알아서 가둬 두던 것을 이제는 법률로 그렇게 하도록 못 박았다는 것이 이 법률의 의미이다. 그 후 독일에서 의학을 배우고 돌아온 의사 구레 슈조는 그런 실태에 관해 비판하며 정신장애자들이 정신병과 감금이라는 이중고를 겪고 있는 현실을 개선하기 위해 정신병원을 설립해야 한다고 제안했다. 그의 노력에 힘입어 1919년에 '정신병원법'이 제정되었으나 이 법으로 인해 설립된 정신과 병원은 매우 소수에 그쳤다.

일본의 정신 의료가 크게 변화하는 것은 2차 세계대전이 끝나고 난 다음이다.

일본사

2차 세계대전 후 정신 의료의 여명기

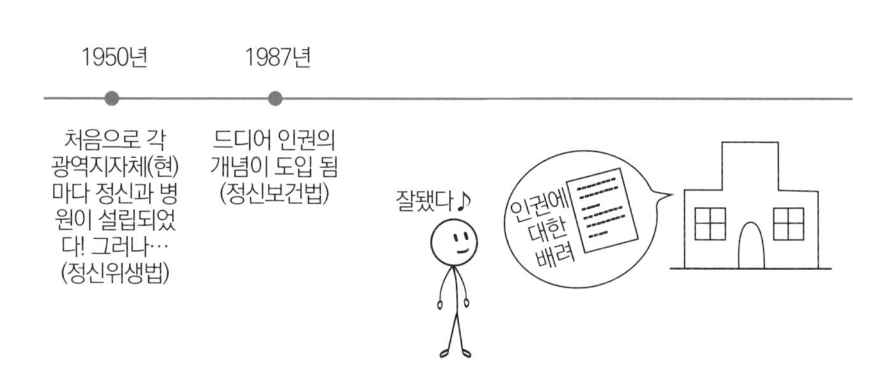

제2차 세계대전이 끝난 1950년. 연합군 최고사령부(GHQ)의 주도하에 '정신위생법'이 제정되었고, 이로 인해 드디어 일본 각지에 정신과 병원이 설립되었다. 현재 일본의 각 현마다 있는 현립 정신과 병원의 대부분은 이 법이 생긴 직후에 설립된 것이다.

하지만 이들 정신과 병원에서 인권침해가 심각했고 입원 절차조차도 제대로 정해져 있지 않았다. 이에 1987년, '정신보건법'이 만들어지면서 환자가 입원할 때 어떤 서류가 필요하고 어떤 설명을 해야 하는 등의 규칙이 정비되면서 자율적인 입원제도가 생겨났다.

일본사 | 자립과 사회 참여를 목표로

한편 '장애자 기본법'에서는 신체장애자, 지적 장애자와 함께 정신장애자가 복지의 대상이 되었다.

이런 큰 흐름의 영향으로 1995년에 '정신보건복지법'이 생겼는데, 이 법으로 인해 정신장애자 보건복지 수첩, 정신장애자 사회복귀 시설 등이 정비되었다. 그저 의료를 제공하는 것에 그치지 않고 자립과 사회복귀를 지원하는 움직임이 나타나기 시작한 것이다.

정신의학의 치료를 확립한 사람들

세계사 | '체액설'에서 시작된 정신의학

고대 그리스 시대에는 히포크라테스가 모든 질병의 원인을 체액의 교란이라고 생각하는 '체액설'을 주창했다. 예를 들어 우울증에 해당하는 멜랑콜리아(melancholia)는 검은 쓸개즙(흑담즙)이 과잉 분비되기 때문이라고 생각하는 식이다. 현대의학에서는 더 이상 체액설을 인정하지 않지만 처음으로 '의학'이라는 개념이 탄생한 것이 그 의의라 할 수 있다.

그 후 고대 로마 시대에 갈레노스가 체액설을 발전시킨 '사체액설(四体液說)'을 제창했는데, 이것은 모든 질병이 혈액, 점액, 흑담즙, 황담즙이라는 네 가지 체액의 밸런스가 깨져서 일어난다는 설이었다.

근대 정신의학의 아버지 등장!
하지만 그는 외과의사였다

프랑스인 피넬은 근대 정신의학의 아버지라 불리는데, 원래 외과의사였으나, 친구의 정신병 발병을 계기로 정신과 의사로 전향했다.

피넬은 자신이 일하던 정신장애자 시설에서 환자들을 감호하던 직원 퓌생이 환자들을 인도적으로 대하자, 환자들이 좋은 경과를 보인 것에서 착안해 그때까지 쇠사슬로 묶어두던 환자들을 풀어주고 인도적으로 대하려 했다. 이런 일련의 활동이 '쇠사슬로부터의 해방'이다.

현대의 정신의료로 이어지는 도덕치료

피넬은 치료의 대상이 질병이 아니라 그 사람 자신이라는 '도덕적 치료'를 제창했다.

이 치료법에서는 그 사람의 희망, 공포, 인생에서 맛본 고난 등이 정신장애에 어떤 영향을 미치는가를 이해하는 수단으로 대화가 중시되었다. 또 그 사람에게 맞는 환경에서 규칙적인 작업을 하는 것이 정신 건강에 기여하는 것으로 여겨져 적극적으로 도입되었다.

이런 것들은 현대의 정신치료, 심리치료, 작업치료 등으로 이어지는 여러 요소를 갖는 것으로 이들 치료법의 효시라고도 할 수 있다.

또한 피넬은 정신장애의 분류, 원인, 치료에 관해 세계 최초로 교과서를 집필한 인물이기도 하다.

정신병을 뇌의 질환으로 생각하는 '뇌질환설'

독일의 첫 정신의학 교과서를 집필한 독일인 정신과 의사인 빌헬름 그리징거는 정신장애는 뇌의 질환이라는 '뇌질환설'을 주장했다. 뇌라는 신체 기관을 중심으로 정신장애를 바라보는 뇌질환설은 정신장애를 신체장애와 동렬에 놓고 의학의 대상으로 삼았다.

영웅의 등장으로 정신의학에 관한 개념이 변하다!

18~19세기에 걸쳐 유럽에서는 정신의학 연구 분야에 다양한 인물들이 등장한다.

독일의 메스머는 동물의 자기(磁氣)를 조절하면 병이 낫는다는 '메스머리즘'을 주창했다. 메스머리즘은 당시에는 그저 일종의 암시 붐을 일으키는데 그쳤지만 여기서 발전한 최면요법은 샤르코 등에 의해 치료에도 이용되게 되었고 무의식의 세계가 주목 받는 계기가 되었다.

체계적인 정신의학이 구축되다

피넬의 제자였던 에스키롤은 분노, 질투, 놀람, 공포, 충족되지 않는 애정, 심리적인 고통, 상처받은 자존감 등의 정서가 정신장애의 원인이라고 생각했다. 이것은 현재의 '심인성' 개념과 같은 것이다.

프로이트는 무의식의 존재를 상정한 '정신분석 이론'을 주장했다. 정신분석 이론은 마음이 '의식(유의식)'뿐 아니라 평소에는 의식화되지 않지만, 의식화가 가능한 '전의식', 그리고 의식할 수는 없지만 존재하는 '무의식' 등 세 가지로 구성된다는 이론이다. 또 무의식의 영역에 있는 성적인 에너지인 '리비도(Libido)'가 인간을 조종한다고 해석했고, 마음이 욕망을 따르려는 '이드(Id)', 이렇게 되어야 한다는 윤리나 규칙을 따르고자 하는 '초자아(superego)', 그리고 이 둘 사이에서 갈등하며 현실적인 선택을 하는 '자아(ego)' 등 세 가지를 상정하고 이 셋의 역학관계에서 심리적인 현상이 발생한다고 생각했다. 무의식이라는 개념을 생각해 낸 정신분석 이론은 아들러, 프로이트의 제자인 칼 융 등 많은 심리학자들에게 영향을 미쳤다.

크레펠린은 앞선 학자들과 자신의 임상 체험을 종합해 '정신의학 교과서'를 출간했다. 질병 분류 등 체계적인 정신의학의 개념을 확립했으며 현대 정신의학의 초석을 다졌다고 할 수 있다.

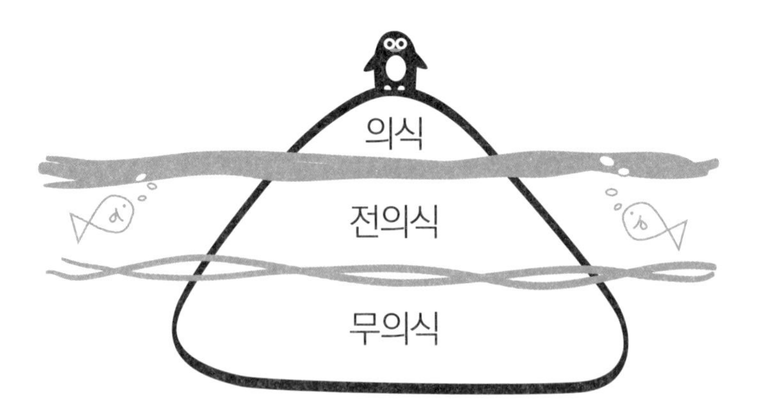

정말로 존재했던
무서운 옛 치료법

세계사 | 정말로 존재했던 혹독한 치료법

정신장애자들이 학대에 가까운 대우를 받았던 시대에는 치료법이라고 해봐야 신빙성이 없는 것이었다.

입욕, 냉수욕, 구토나 설사, 사혈(피를 흘리게 하는 것), 관수요법(계속해서 머리 위로 물을 붓는 것) 등은 모두 '체액설'을 기초로 체액의 균형을 맞추고자 했던 치료법이다.

이 밖에도 환자를 갑자기 물속에 떨어뜨리는 쇼크요법, 환자를 묶어 놓고 빙빙 돌리는 회전요법 등은 실로 비과학적이지만 실제로 치료법으로 쓰였다.

과격하고 위험한 치료법도 많이 있었다.

- 로보토미(lobotomy)

드릴로 두개골에 구멍을 뚫고 전두엽 일부를 잘라냄으로써 문제행동이 많은 환자를 순하게 만들려는 시도였다.

- 말라리아 발열요법

당시에는 아직 치료법이 없었던 매독으로 인해 정신질환이 오는 환자가 많았는데, 그들을 일부러 말라리아에 걸리게 해 고열이 나게 함으로써 몸에 있는 열에 약한 매독균을 죽이고자 했다.

- 인슐린 쇼크요법

몸이 극한 상태에 이르면 정신상태가 호전된다는 점을 이용하기 위해 인슐린을 대량으로 주사해 저혈당성 혼수상태에 빠지게 했다. 그 후 포도당을 투여해 회복시키기는 하지만 죽음에 이르는 일도 있었다.

현대에도 존재하는 경련요법

- 경련요법

당시 사람들은 뇌전증(간질) 환자에게는 조현병이 일어나지 않는다고 오해하고 있었다(실제로는 오히려 더 많다). 따라서 조현병 환자에게 카르디아졸이라는 약물을 투여해 인위적으로 뇌전증 발작을 일으키는 치료법이 실시됐으며, 실제로 효과를 보기도 했다. 하지만 효과가 있더라도 매우 위험한 방법이었다.

- 전기경련요법

보다 안전한 조현병 치료법으로 1938년부터 사용된 것이 전기경련요법이다. 당시에는 정신의학에 사용되는 약물이 존재하지 않았는데, 그런 상황에서 전기경련요법이 조현병에 효과가 있었기 때문에 널리 보급되었다.

드디어 약물치료가 시작되다!

1950년을 전후해서 향정신성의약품이 속속 등장했으며 그것을 계기로 정신 의료는 '수용'에서 '치료'로 매우 큰 전환을 맞이하게 되었다.

1944년에 처음으로 중추신경 자극제가, 1949년에 기분안정제, 1952년에 항정신병약물, 1955년에 항불안제, 1956년에 항우울제가 탄생

했다. 이런 약들이 임상 현장에서 사용되면서 '이 약이 효과가 있는 이유는……' 하며 뇌와 신체의 관계를 추적하는, 정신장애에 대한 신경생물학 연구가 발전하는 계기가 되기도 했다.

맺음말

제가 이 글을 쓰고 있다는 것은 이 책을 다 완성했다는 의미이고, 여러분이 이 글을 읽고 있다는 것은 정신의학의 기본적인 내용을 한번은 다 훑었다는 의미일 것입니다.

정신의학의 세계를 어떻게 느끼셨나요? 그리고 이 책은 어떠셨나요?

정신장애는 결코 희귀한 질병이 아닙니다. 전 국민에게 영향을 미치는 질병 중 하나로 꼽힐 정도로 흔한 질환입니다.

이 책을 읽어주신 여러분 자신과 관련이 있을 수도 있고, 가까운 누군가와 관계가 있을 수도 있습니다. 정신장애는 의외로 우리와 매우 가까운 곳에 있는 질병인 것입니다.

또한 이 책에 나와 있는 여러 가지 정신 증상을 읽다 보면, 그중 몇몇은 '이거 내 얘기 아냐?' 하는 것들이 있었을 겁니다. 강한 정신 증상은 분명 비정상적이지만, 경미한 증상과 정상 사이에 명확한 선 긋기를 할 수 없을 정도인 것도 많습니다. 정상 바로 옆에 비정상이 존재하며 그런 점에서 정신장애는 의외로 우리 가까이에 존재하는 것입니다.

그런 정신의학을 여러분께 전달하고자 한 것이 이 책을 쓴 목적입니다.

저는 의대생들과 의료관계 학과의 학생들, 간호사, 수련의부터 전문의까지 다양한 사람들을 대상으로 강의와 강연을 해왔고, YouTube에서 정신의학에 관해 해설하는 채널을 운영하고 있으며 좋은 반응을 얻고 있습니다. 그런 경험을 토대로 의료 관련 학생들이 배우는 수준의 내용을 일반인들이 이해하기 쉽도록 풀어낸 것이 이 책입니다.

다시 한번 여쭤보겠습니다.
정신의학의 세계를 어떻게 느끼셨나요? 그리고 이 책은 어떠셨나요?

이 한 권이 여러분 자신의 정신 건강을 위해, 또 여러분이 누군가를 돕기 위해, 혹은 교양으로서 정신의학을 공부하기 위해, 어떠한 목적이든 간에 여러분께 도움이 되었기를 바랍니다.

쓰쿠바대학 의학의료계 임상의학역 정신신경과 강사
마쓰자키 아사키

교양으로서의 정신의학

초판1쇄 인쇄 | 2024년 04월 25일
초판1쇄 발행 | 2024년 04월 30일

펴낸곳 | 에포케
펴낸이 | 정영국

지은이 | 마쓰자키 아사키
옮긴이 | 이정현

주소 | 서울시 금천구 벚꽃로 36길 30 (KS타워)
전화 | 02)-2135-8301
팩스 | 02)-584-9306
등록번호 제 2023-000101호
ISBN 978-89-19-20595-2

www.hakwonsa.com

※잘못된 책은 바꿔드립니다